Impressum
© 2016 Cocktailkunst GmbH, Köln
Alle Rechte vorbehalten

Unter Mitarbeit von Stephan Hinz, Eva Zellmer und Andreas Kämmerling
Illustration: Florian Frick
Satz und Gestaltung: Daniel Kokavecz
Gesamtherstellung: Cocktailkunst GmbH
Kooperationspartner: Fackelträger Verlagsgesellschaft mbH

ISBN: 9783771646608

ÜBER STEPHAN HINZ

Der international renommierte Barmanager und Fachbuchautor Stephan Hinz wurde unter anderem mit den Titeln „Mixologe des Jahres" sowie „Deutscher Cocktailmeister" ausgezeichnet. Hinz absolvierte eine Ausbildung zum Restaurantfachmann im Hilton Hotel und arbeitete unter anderem im Bayerischen Hof München, Intercontinental Hotels und Harry's New York Bar.

2014 eröffnete Hinz in Köln seine Bar Little Link, die bereits im ersten Jahr des Bestehens als „Innovativste Bar des Jahres" prämiert wurde. Mit seinen Unternehmen Cocktailkunst und Hinzself bietet Stephan Hinz international erfolgreich Consulting und Schulung für Gastronomie und Getränkeindustrie an. Gemeinsam mit dem Traditionshersteller Spiegelau entwickelte Hinz außerdem seine eigene Glasserie, die „Perfect Serve Collection by Stephan Hinz", die weltweit in der Spitzengastronomie zu finden ist.

Bisher erschienen von Stephan Hinz die Bücher „Cocktailkunst – Die Zukunft der Bar" und „Superdrinks – 99 neue Kultgetränke".

Weitere Informationen:
www.cocktailkunst.de
www.hinzself.de
www.spiegelau-perfectservecollection.com

STEPHAN HINZ

SERVICE MIT ERFOLG

KOMMUNIKATION UND MEHR FÜR DIE GASTRONOMIE

INHALTSVERZEICHNIS

Unmögliche Arbeitszeiten, miese Bezahlung, nervige Gäste und schreiende Chefs – willkommen in der Hölle Gastronomie und willkommen im schönsten Beruf der Welt. Ich bin mir sicher, dass Sie beide Seiten kennen: Den Stress und die Anstrengung, aber auch die Leidenschaft und Freude, die die Arbeit für den Gast bedeuten kann. Und an diesen beiden Seiten der Medaille ändert auch der beste Ratgeber nichts. Mit meinem Buch möchte ich Ihnen aber helfen, die schönen Momente zu vermehren und den Stress etwas runterzuschrauben. Damit die Energie, die Sie jeden Tag aufbringen auch zu spürbaren Ergebnissen führt.

Weil wir in den nächsten Kapiteln zusammenarbeiten und uns gemeinsam dem gastronomischen Stress stellen, würde ich Ihnen gerne das „Du" anbieten. Also, ich bin Stephan und seit Jahren in sämtlichen Bereichen der Gastronomie unterwegs. Von der Pizzeria um die Ecke über internationale Hotelbars bis zu Sterneküche und Messe-Catering habe ich sämtliche Konzepte vor und hinter den Kulissen erlebt – im Service, in der Küche und der Bar, aber auch im Management. Und so unterschiedlich die Betriebe auf den ersten Blick sein mögen, finden sich bei den meisten doch recht ähnliche Probleme.

Viele dieser Probleme kann man lösen, wenn man nur will. Das klappt allerdings weder mit großen Reden der Geschäftsführung noch mit den angeblichen Allheilmitteln einiger Consultingfirmen. Auch das Management kann uns im Service häufig nicht helfen, schließlich hat es seine ganz eigenen Arbeitsbereiche. Aufgabenverteilung hin oder her: Gastronomie findet zwischen Menschen statt, direkt und praktisch. Eine echte Veränderung passiert deshalb nur, wenn wir die kleinen Probleme im Umgang miteinander besser begreifen und zu lösen lernen. Jeden Tag aufs Neue und ohne Zufriedenheitsgarantie, denn so individuell wie die Menschen, denen Du täglich begegnest sind auch die Herausforderungen, vor die Du gestellt wirst.

Dieses Buch wird Dir deshalb nicht vorschreiben, was Du zu tun hast, um erfolgreicher zu arbeiten. Du bist es ja, der jeden Tag da draußen steht, um sich über Gäste zu freuen oder zu ärgern. Du sollst Dich nicht verstellen, sondern Deine persönlichen Stärken voll ausnutzen. In diesem Sinn möchte ich Dein Bewusstsein für Zusammenhänge wecken und Dich inspirieren, Dinge anders zu sehen.

Und jetzt wird es Zeit, endlich loszulegen. Viel Spaß!

KAPITEL 1

FUNDAMENTE FÜR BESSEREN SERVICE

Wir leben im Zeitalter der ausgeklügelten Manipulation. Sei es durch Werbung, Vertreter oder Eltern – wir werden manipuliert, wissen es und wollen es auch! Zumindest erkläre ich mir so die Tatsache, dass Fastfoodketten Kindergeburtstage ausrichten und ich nach dem Einkaufen mindestens drei Produkte in meinem Korb wiederfinde, die ich weder brauche, noch dass ich weiß, was ich damit anfangen soll. Doch ganz ehrlich, solange die Vertreter und deren Werbung nicht zu aufdringlich werden und uns die Illusion von Entscheidungsfreiheit vorgaukeln, lassen wir uns das gerne gefallen. Irgendwie zumindest.

Trotz all dieser Zeichen und Wunder scheinen einige Gastronomen unser Bedürfnis nach Beeinflussung noch nicht so richtig erkannt zu haben. Im Gegenteil geben sich viele Servicekräfte die Mühe, uns unsere Entscheidungen so unbeeinflusst wie möglich treffen zu lassen. Sie verschwinden plötzlich für längere Zeit spurlos, geben einsilbige Antworten und rollen genervt mit den Augen bei Sonderwünschen oder Bitten. Ja, sogar wenn die Gäste regelrecht um Einflussnahme betteln, bekommen wir oft ein liebloses „Sie möchten eine Empfehlung? Nehmen Sie den Hauswein." zu hören. Keine alternative Empfehlung, keine Frage nach den Wünschen des Gastes.

Da Widerstand bekanntlich zwecklos ist, halten wir die Ausführungen in die Abgründe der heimischen Wirtshäuser kurz und diagnostizieren klar: Die deutsche Gastronomie hat Nachholbedarf und wird für Arbeitnehmer immer unattraktiver. Aktuelle Zahlen beweisen, dass eine hohe Fluktuation, wenig Auszubildende, geringe Anerkennung und Unwissenheit seitens der Arbeitgeber diese Tendenz noch verstärken. Dabei kann man die Sache auch anders angehen …

1.1 BLACKBOX GAST

Wenn man sein Verständnis für die Gastronomie vertiefen möchte, fängt man weder bei Managementstrukturen noch bei der richtigen Poliertechnik für Weingläser an. Denn der wichtigste Teil der Gastronomie hat sich gleich in der ersten Silbe des Wortes versteckt – der Gast. Dieses Buch soll zwar in erster Linie Dir und nicht Deinen Gästen helfen, aber das wird nur funktionieren, wenn Du zuerst einmal Deine eigenen Bedürfnisse zurückstellst und Dich ganz auf die liebenswerten bis nervigen Menschen einlässt, die von Dir tagtäglich bedient werden möchten. Dein eigener Nutzen ergibt sich dabei von ganz allein.

Die Grundlage für diesen Nutzen kannst aber nur Du selbst schaffen. Egal, wieviel ich Dir auf den nächsten Seiten über den Umgang mit Menschen erzähle, egal wie viele Verkaufstechniken ich Dir zeige, all das bleibt wirkungslos, wenn Deine Einstellung nicht zu dem passt, was Du tust. Sprich: Der erste Schritt zu besserem Service setzt die richtige Grundhaltung voraus. Das bedeutet in erster Linie, hab Respekt – Respekt vor Dir, vor Deinen Kollegen und vor Deinen Gästen.

Wenn Du mit Dir im Reinen bist, fällt es Dir einfacher, auf Kollegen und Gäste einzugehen und über Deinen Schatten zu springen, ohne Dir selbst untreu zu werden. Vertrau auf Deine Fähigkeiten, aber erkenn auch Deine Grenzen. Wirklich guten Service kannst Du erst leisten, wenn Du Deine Vorurteile vergisst und offen für die Menschen bist, die Dir begegnen.

Denn diese Menschen sind Dein größtes Potential. Selbst ohne etwas an Angebot, Speisekarte oder Ambiente zu ändern, kannst Du im gekonnten Umgang mit Deinen Gästen den Erfolg Deines Betriebs beträchtlich steigern. Das Problem dabei: Gäste sind so etwas wie das Russisch Roulette der Gastronomie. Denn ob der Gast, der gerade vor Dir steht, sich als nervtötend, umgänglich oder sogar nett erweist, lässt sich leider erst hinterher sagen. Auch hier gilt: Weg mit den Vorurteilen! Wenn Du die Gäste schon beim Eintreten in Schubladen sortierst, verstellst Du Dir selbst den Weg für wirklich guten Service. Lass Dich also auf die Menschen ein die Dir begegnen. Selbst das intensivste Mustern und In-die-Augen-Starren verrät Dir aber häufig nicht, was im Kopf Deiner Gäste vorgeht. Bis jetzt.

„Gestatten, Maier." – Klein, rundlich, mit einer beginnenden Glatze und schmutzigen Witzen der Marke Lieblingsonkel, aber immer auch mit großzügigem Trinkgeld, war Herr Maier ein gern gesehener Stammgast. Zumindest wenn man von der klitzekleinen Kleinigkeit absah, dass er an einem schlechten Tag innerhalb von Sekunden unsere Aushilfskräfte zum Weinen bringen konnte. Spätestens nach dem zweiten Kaffee flohen die Neuen in die Küche. Und von Herrn Maier blieb nur noch das Geld auf dem Tisch übrig. Am nächsten Tag kam er dann wieder gut gelaunt hereinspaziert, als ob nichts gewesen wäre. Konfrontationsmöglichkeit? Fehlanzeige. Wie also ist mit schwer einzuschätzenden Gästen wie Herrn Maier umzugehen?

1.1.1 MISSION MASLOW – BEDÜRFNISSE VERSTEHEN

Gäste, wozu auch die Maiers dieser Welt zählen, sind Menschen. Und Menschen werden im Allgemeinen stark von ihren Bedürfnissen gelenkt. Warum besuchen Gäste ein Restaurant? In den meisten Fällen aus Hunger und Lust auf Genuss. Manchmal auch um Freunde zu treffen oder weil sie das Gefühl haben, mal etwas unternehmen zu müssen. Werden die Bedürfnisse dabei nicht schnellstmöglich erfüllt, ergreifen die Gäste selbst die Initiative:

Du hast vor maximal drei Minuten die Bestellung aufgenommen und so sicher wie das Essen gerade liebevoll in der Küche zubereitet wird, so sicher beginnt Dein persönlicher Herr Maier, seine demonstrativste Märtyrermiene aufzusetzen. In weiser Voraussicht versuchst Du das natürlich geflissentlich zu ignorieren. Nach weiteren drei Minuten sicherlich unerträglicher Wartezeit beginnt unser bisher stiller Märtyrer sich aber langsam zu regen. Die Phase der vermeintlich lustigen Sprüche hat begonnen: „Wird das Kalb erst noch geschlachtet/Der Whisky gerade erst gebrannt?" –Durchatmen, konzentrieren, höflich bleiben. Setzt man dann noch einmal ein paar Minuten Wartezeit drauf, hat die letzte Phase begonnen: Todesblicke. Unser ehemals wohlgesonnener Maier hat sich innerhalb weniger Minuten zu Deinem Erzfeind gemausert.

Damit es gar nicht so weit kommt, ergibt sich die Frage: Wie lassen sich nun die maierschen Bedürfnisse steuern? Der Psychologe Abraham Harold Maslow erforschte ein ganz ähnliches Problem (auch wenn er Herrn Maier wohl nicht kannte). Er untersuchte, wie die verschiedenen menschlichen Bedürfnisse zusammenhängen und entwickelte eine eigene Bedürfnishierarchie. Aber weil die meisten Menschen sich lieber hübsche Bilder ansehen, statt wissenschaftliche Texte zu lesen, stellte man seine Ergebnisse später schematisch in einer Pyramidenform dar (siehe Abb. S. 12).

Maslow ordnete die Bedürfnisse dem großen Ziel der Selbstverwirklichung zu. Dieses große Wort wollen wir aber an dieser Stelle ausklammern, weil es den gastronomischen Rahmen doch gewaltig sprengt. Grundsätzlich bauen die Bedürfnisse in unserer Pyramide von unten nach oben aufeinander auf. Die unten stehenden, **physiologischen Bedürfnisse** sind die grundlegendsten Bedürfnisse, die mit höchster Priorität erfüllt werden müssen. Sind sie nicht erfüllt, setzen wir Menschen alles daran, diesen Zustand zu ändern. Folgerichtig haben Gäste, die extrem hungrig oder durstig sind, wesentlich weniger Geduld, als Gäste deren

physiologische Bedürfnisse gestillt wurden. So zum Beispiel unser Lieblingsonkel Maier, der an einem schlechten Tag wesentlich besser gestimmt war, wenn wir ihm vor der Vorspeise eine schnelle Kleinigkeit zukommen ließen – und wenn es nur etwas Brot war. Wenn ein Gast also hungrig oder durstig ist, tust Du gut daran, etwas an diesem Zustand zu ändern, und nicht bloß höflich zu lächeln. Sonst wird der Gast nach einer Weile selbst die Initiative ergreifen und an seinem Zustand etwas ändern – ohne Rücksicht auf Verluste!

Nach unseren physiologischen Bedürfnissen melden sich unsere **Sicherheitsbedürfnisse**. Wir wollen unser Geld, unsere Gespräche und vor allem uns selbst in Sicherheit wissen. Nichts ist für sensible maiersche Menschen in dieser Hinsicht unangenehmer, als in einer Bar oder einem Restaurant live mitzubekommen, wie die Ehe am Nebentisch links scheitert und den Tratsch der Servicekräfte nicht überhören zu können: „Hast Du den von Tisch Zwei mit seiner Neuen gesehen? Ist das 'ne Prostituierte?" Automatisch erkennen die Gäste, dass in diesem Restaurant die Gespräche mitgehört und weitergetragen werden. Ist die Rechnung dann noch fehlerhaft, ist nicht nur das maiersche Sicherheitsbedürfnis in den Grundfesten erschüttert.

Die nächste Priorität kommt den **sozialen Bedürfnissen** zu. Falls Du beim Stichwort ‚sozial' in der bösen Vorahnung einer weiteren Spendenaktion zugunsten gestrandeter Wale zusammenzucken solltest: keine Sorge. Die sozialen Bedürfnisse der Gäste zu stillen, hat nichts mit Preisnachlässen, aber viel mit dem Drang nach Gruppenzugehörigkeit zu tun. Weiß sich Stammgast Maier mitsamt seinem vollen Bauch in Sicherheit, geht es ihm vor allem um das Gefühl, in der Gruppe angenommen zu werden. Das kann einerseits in der Form geschehen, dass er gleich seine Freunde oder Bekannten mitnimmt – so bringt er den Rahmen, in dem er soziale Anerkennung hat, einfach mit. Wenn Herr Maier aber alleine bei Dir aufschlägt, ist es Deine Aufgabe, ihm das Gefühl zu geben, dass er in Deinen Laden gehört. Er ist nicht nur irgendein Gast, sondern ein gern gesehener Stammgast, den Du kennst und schätzt. Begrüß ihn mit Namen und zeige so, dass Du alle seine Vorlieben im Kopf hast.

Falls Du alles richtig gemacht hast, sind Deine Gäste jetzt satt, fühlen sich geborgen und dazugehörig. Und nun? Small-Talk-Zeit! Die Lieblingsdisziplin vieler Gäste. Du hast durch die Erfüllung der Sicherheitsbedürfnisse und der sozialen Bedürfnisse die nötige Basis geschaffen und Deine Gäste möchten mit Dir über etwas sprechen, das über die allgemeinen Bedürfnisse hinausgeht: Arbeit, Erfolg, persönliche Freiheit – kurz: die eigenen **individuellen Bedürfnisse**. Dabei sollte Dir klar sein, dass gerade Stammgäste Deinen Arbeitsplatz irgendwann als ein zweites Zuhause ansehen und auch so behandelt werden möchten. In diesem zweiten Zuhause möchte der eine Gast vielleicht eher seine Ruhe haben, aber ein anderer unterhalten werden. Wie Du mit diesen individuellen Wünschen jedes Gastes umgehen solltest, wird uns in diesem Buch noch einige Male beschäftigen.

ZUSATZTIPPS:

- Sicherheitsbedürfnisse: Die Gespräche verstummen, sobald Du an den Tisch trittst und Dein Gast spricht in einer ausschließlich für Fledermaus- ohren hörbaren Stimme? Dann sei diskret und freundlich. So signalisierst Du, dass Deine Gäste gut bei Dir aufgehoben sind und sie Dir vertrauen können. Falls ausreichend Platz ist, setzt Du diesen Gast beim nächsten Besuch eine Winzigkeit abseits der anderen Gäste, sodass er in Ruhe seine Gespräche führen kann.
- Physiologische Bedürfnisse: Sobald sein Hintern den Stuhl auch nur be- rührt hat, greift er nach der Karte und stöbert in den Hauptgerichten. Seine Leidensmiene ist dabei genauso offensichtlich, wie sein Wunsch, sofort etwas aufgetischt zu bekommen. Reiche diesem Gästetyp umge- hend eine Kleinigkeit zu essen, um ihn friedlicher zu stimmen.
- Soziale Bedürfnisse: Er grüßt jeden Angestellten und freut sich sichtlich, wieder bei Dir zu sein. Gib diesem Gast besonders das Gefühl, dass er willkommen ist und zu Deinem Betrieb gehört.
- Individualbedürfnisse: Dein Gast redet und redet und redet. Erkenne die praktische Seite seines Redeflusses. Du brauchst kaum etwas anderes zu tun als zuzuhören und dadurch seine mehr oder minder wahren Ge- schichten zu würdigen. Das funktioniert zumindest, wenn Du während- dessen etwas Sinnvolles tun kannst: Gläser polieren, Geschirr einräumen und so weiter …

1.1.2 ZUCKERBROT UND STROMSCHOCKS: OPERANTES KONDITIONIEREN

Mit viel Mühe hast Du die Bedürfnisse Deiner Gäste nicht nur erkannt, sondern akzeptiert und hoffentlich in die richtige Richtung gesteuert. Bravo! Aber um wirklich entspannt arbeiten zu können, gewöhnst Du Deinen Gästen doch gleich noch ihre schlechten Angewohnheiten ab. Sicher, Stammgastonkel Maier wäre kein Maier, wären da nicht seine schmutzigen Witze und sein ausgeprägtes Talent, Aushilfskräfte zu drangsalieren. Dennoch solltest Du auch einem Lieblingsstammgast nicht alles durchgehen lassen. Ein erfolgreich getesteter Ansatz, Affen, Hunde, Mäuse und auch Deine Gäste zu erziehen, ist das operante Konditionieren.

Bekannt hierzu wurden vor allem die Experimente des Wissenschaftlers Burrhus Frederic Skinner. In einfacher Form kann man sich das so vorstellen: Man nehme ein paar hilflose Mäuse und stecke sie in unterschiedliche Käfige. In diesen Käfigen sind Hebel installiert, die die Nager betätigen können. In Käfig A verursacht die Betätigung des Hebels, dass die Maus einen Stromschock zu spüren bekommt, in Käfig B dagegen wird die Maus für das Betätigen mit Nahrung belohnt. Das zu erwartende Fazit: Die stromgeschockten Nager gewöhnten sich ab, den Hebel zu drücken, während die belohnten Mäuse ihn immer häufiger betätigten. Mäuse und auch Menschen zeigen also zunächst ein zufälliges Verhalten und je nachdem, wie die Umwelt darauf reagiert, zeigen sie als Konsequenz dieses Verhalten häufiger oder seltener.

Aber wie setzt Du diese Erkenntnisse bei Deinen Gästen um, ohne ihnen Stromschläge zu verpassen? Also, zurück in die Praxis: 23:42 Uhr, Samstagabend in einer feinen (und normalerweise ruhigen) Bar. Entspannter Jazz, gepflegte Konversation und dann das Horrorszenario: Junggesellenabschied. 15 Kerle, verkleidet und natürlich mit Bauchladen. Natürlich waren die Jungs, die da durch die Tür schaukelten, genauso voll wie gut drauf und hatten die gebotene Etikette kurzerhand durch Trinklieder ersetzt.

Nachdem unsere studentische Aushilfe einen zaghaften Versuch unternommen hatte, besagte Gäste zur Ruhe zu bitten, kam sie auf eine geniale Idee – dachte sie. Mit einer Runde Shotgläser auf dem Tablett machte sie sich auf zum Tisch und erklärte, diese Runde ginge aufs Haus, wenn die Herren sich im Gegenzug etwas ruhiger verhalten würden. Gesagt, getan. Die nächste halbe Stunde war es auch tatsächlich etwas ruhiger. Dann aber brach das Gejohle mit doppelter Lautstärke los. Unter großem Gelächter lallte auch noch einer der Kerle, er werde durchaus gerne für eine weitere halbe Stunde still sein – im Gegenzug für die nächste Gratisrunde. Das Problem: Selbst wenn die Gäste sich vorgenommen hätten, Ruhe zu geben, hatten sie für eigentlich negatives Verhalten eine Belohnung erhalten.

Wie also hätte man wirksamer reagieren können? Die Antwort ist trotz fehlendem Stromschocker ziemlich einfach: Konsequent sein. Problematische Gästegruppen sollten im Idealfall schon an der Tür abgefangen werden – das ist einfacher, als sie später unsanft hinauszuweisen. Sieh Dir also an, in welchem Zustand Deine Gäste sind und mach ihnen zum Beispiel gleich an der Tür klar, dass sie gerne eintreten können, aber es für sie nur noch Bier oder Wasser gibt oder empfiehl ihnen, doch lieber an einem anderen Tag wiederzukommen.

Sind die Störenfriede aber einmal im Laden, darf ein freundlicher, aber bestimmter Hinweis natürlich nicht fehlen, z. B. „Könnt Ihr die Lautstärke ein bisschen runterschrauben?". Eine positive Verstärkung des Verhaltens durch Zugeständnisse wie Shots ist in jedem Fall zu vermeiden. Erweisen sich die Gäste aber als besonders hartnäckig, solltest Du zu Deinem Vorgesetzten gehen und ihn die Situation regeln lassen.

In letzter Konsequenz mag ein freundliches Hinausweisen der Gäste aus dem Lokal Dich auf den ersten Blick um den Umsatz bringen, sorgt aber für eine Atmosphäre, in der sich den Rest des Abends die anderen Gäste umso wohler fühlen. Wichtig: Nur wenn Du konsequent auf jedes Fehlverhalten reagierst, gewöhnst

Du es den Gästen ab. Auch Stammgäste sollten sich daher an die allgemeinen Umgangsformen halten.

 MANAGEMENT:

Gäste kann man sich vielleicht nicht aussuchen, aber beeinflussen. Achte deshalb persönlich darauf, dass die gesetzten Vorstellungen von Höflichkeit und Verhalten auf Personal-, aber auch auf Gastseite konsequent eingehalten werden. Gäste, die die ausgeprägte Tendenz haben, sich unangemessen zu benehmen, werden einsehen, dass sie bei Dir keine Chance haben und zum nächsten Laden wandern, um dort Unfrieden zu stiften.

ÜBUNGEN:

Zu 1.1.1 Mission Maslow – Bedürfnisse verstehen

- Im Selbsttest: Du schlenderst durch die Stadt und bist hungrig oder durstig. Achte darauf, wie anders Du bestimmte Dinge wahrnimmst (wie zum Beispiel Restaurants, Passanten mit Snacks etc.).
- Serviceübung: Ein Freund ist verstimmt, weil er hungrig ist. Mit Essen kannst Du sein Motzen stoppen, mit gutem Essen kannst Du ihn sogar glücklich machen. Wie befriedigst Du im Service die verschiedenen Bedürfnisse und übertriffst sie sogar?

_____

Physiologische Bedürfnisse

_____

Sicherheitsbedürfnisse

_____

Soziale Bedürfnisse

_____

Individualbedürfnisse

Zu 1.1.2 Zuckerbrot und Stromschocks: Operantes Konditionieren

- Im Selbsttest: Erinnere Dich! Wie haben Deine Eltern oder Großeltern Dich dazu bringen können, die Zähne zu putzen oder mit geschlossenem Mund zu essen? Hatte „richtiges" Verhalten angenehme Konsequenzen für Dich und hast Du dieses Verhalten dann auch öfter gezeigt?
- Serviceübung: Ein Gast wartet zu lange und beschwert sich nicht? Entschuldige Dich nicht nur, sondern setze ein „Vielen Dank, dass Sie so verständnisvoll sind." dahinter. Das zeigt, dass Du sein Verhalten zu schätzen weißt, statt es einfach zu übergehen. Wie aber reagierst Du auf einen Gast, der seine Füße auf die Stühle legt, um ihm das Verhalten abzugewöhnen?

1.2 AXIOME?! – GRUNDLAGEN DER KOMMUNIKATION

Wenn Du Deine Gäste verstehen, lenken oder sogar beeinflussen willst, solltest Du zunächst eins tun, nämlich kommunizieren. Das Ziel ist dabei klar: Umsatzfreundliche Kommunikation. Weniger klar ist dagegen der richtige Weg dahin. Von säuselnder Fistelstimme bis hin zu aufdringlichstem Up-Selling, geschmückt mit einem permanent dümmlichen Lächeln wird alles geboten. Und der Gast? Der kann sich entweder über die unfreiwillige Show amüsieren oder genervt das Weite suchen. Das Trinkgeld bleibt bei beiden Varianten aber stark hinter den Erwartungen zurück. Zum Leidwesen des bemühten Personals. Aber auch die interne Kommunikation ist nicht zu unterschätzen, denn in der Gastronomie greifen viele unterschiedliche Arbeitsbereiche schnell ineinander.

Daher beschäftigt sich ein großer Teil unseres Buches mit dem Thema Kommunikation. Doch bevor wir uns in den nächsten Kapiteln ausführlich mit den verschiedenen Kommunikationsarten im gastronomischen Rahmen auseinandersetzen, machen wir an dieser Stelle zunächst einen kleinen Ausflug zu den Grundlagen der Kommunikationswissenschaft.

Was heißt also gelungene Gastkommunikation, wenn wir den Geldaspekt außer Acht lassen? Auf den Punkt gebracht, sollen drei Dinge erreicht werden:

- Ein grundlegenderes Gastverständnis, um Bedürfnisse zu erkennen und zu befriedigen.
- Eine Wohlfühlatmosphäre, um zum Wiederkommen zu ermuntern.
- Vertrauen, um zum Konsum bewegen zu können.

Werden diese Ziele in einer Kommunikation erreicht, erhöht sich mit der Zeit nicht nur der Umsatz, sondern auch das Trinkgeld. Und man kann nebenbei viel entspannter arbeiten. So weit, so einleuchtend. Dennoch bleibt die Grundfrage: Wie erreiche ich das genau?

1.2.1 AUF EINER WELLE: DAS SENDER-EMPFÄNGER-PRINZIP

Dankbarerweise können wir uns zu dieser Fragestellung auf die Vorarbeit führender Kommunikationswissenschaftler verlassen. Zunächst ist Kommunikation immer ein Austausch von Botschaften. Derjenige, der eine Botschaft sendet, wird als ,Sender' bezeichnet und derjenige, der die Botschaft empfängt, wird genialerweise als ,Empfänger' benannt. Diese Begriffe werden uns im Folgenden immer wieder begegnen.

1.2.2 KINDERLEICHT: AXIOM, DIE ERSTE

Der österreichische Kommunikationswissenschaftler Paul Watzlawick stellte als Grundlage seiner Kommunikationstheorie fünf Grundregeln (Axiome) auf. Und auch wenn es selbstverständlich noch andere Theorien gibt, helfen diese fünf Axiome uns dabei, einige grundsätzliche Dinge über Kommunikation zu begreifen.

Das erste Axiom lautet: **Man kann nicht nicht kommunizieren**. Nein, da ist kein Wort zu viel. Man kann nicht nicht kommunizieren. Das heißt: Selbst wenn Du schweigst oder Dich von jemandem abwendest, signalisierst Du etwas. Zum Beispiel, dass Du nicht mit der anderen Person sprechen möchtest. Solange ein anderer Mensch Dich wahrnehmen kann, vermittelst Du durch Dein Verhalten Informationen, also kommunizierst Du. Egal, ob schweigen oder wegsehen – immer wird Dein Gegenüber sich durch Dein Verhalten ein Urteil über Dich bilden.

Für Dich bedeutet das, sobald Du in sicht- oder hörbarer Nähe zu Deinen Gästen stehst, kommunizierst Du! Ob gewollt, oder nicht. Unbewusst analysiert der Gast Deine Körpersprache, Deinen Ausdruck, Dein Verhalten und auch Dein Erscheinungsbild. Du hast also die Möglichkeit, bereits im Vorfeld durch richtige Gestik und Mimik, aber auch durch Dein Auftreten, den Gast positiv zu beeinflussen.

 ## TYPISCHE FEHLER:

Ein schöner Rücken kann auch entzücken? Nicht im Servicegespräch! Aus eigener Erfahrung kann ich Dir versichern, dass es nicht die beste Strategie ist, seinen Gästen den Rücken zuzuwenden. Die Gäste an einem Tisch waren davon tatsächlich eines Abends so gekränkt, dass sie eine Woche später auf mich zu kamen und mich fragten, was an dem Tag mit mir losgewesen sei und ob sie etwas falsch gemacht hätten – so abrupt hatte ich mich wohl von ihnen abgewandt. Wende dem Gast also NIEMALS in einer Gesprächssituation den Rücken zu. Der Gast wird Dein Verhalten grundsätzlich als Affront gegen sich selbst betrachten. Auch wenn Du nur kurz die Garderobe verstauen oder Dich neutral umsehen möchtest. Solltest Du Dich aber wirklich mal umdrehen müssen, entschuldige Dich, unterbrich das Gespräch höflich und nimm es danach wieder auf.

1.2.3 ER LIEBT MICH, ER LIEBT MICH NICHT – DAS BEZIEHUNGSAXIOM

Das zweite Axiom besagt, **dass jede Kommunikation einen Beziehungs- und einen Inhaltsaspekt besitzt**. Dazu ein einfaches Beispiel: Du bist im Stress. So richtig. Voller Laden, die Küche kommt nicht hinterher, die Gäste beschweren sich. Und da steht Deine Kollegin, nennen wir sie Maria. Besonders gut leiden kannst Du die sowieso nicht und obwohl der Laden gerade aus allen Nähten platzt, scheint sie nichts Besseres zu tun zu haben, als mit ihrem Telefon zu spielen. Als Du mit dem vollen Tablett an ihr vorbei balancierst, fragt sie auch noch: „Na, alles klar?". Dieser harmlose Satz wäre in diesem Moment wohl Grund genug, ihr das Tablett um die Ohren zu schlagen.

Nun stell Dir vor, dass Dein Lieblingskollege, den Du respektierst und schätzt und der sich nebenbei schon die ganze Schicht über die Füße wund läuft, den gleichen Satz äußert: „Na, alles klar?". Während Du Marias Satz als hämische Bemerkung interpretieren würdest, würdest Du hier wohl nur antworten: „Geht schon. Bei Dir?". Denn obwohl der Inhalt des Satzes gleich ist, ändert er seine Bedeutung durch die Beziehung, die Du zum jeweiligen Sender hast.

Der Inhaltsaspekt übermittelt also die Informationen der Nachricht – Daten und Fakten. Der Beziehungsaspekt hingegen sorgt dafür, dass jede Aussage vom Empfänger der Botschaft auf die Beziehung zwischen Sender und Empfänger analysiert wird. Derselbe Inhalt wird unter Freunden anders kommuniziert als unter Fremden.

Das heißt, dass es unmöglich ist, eine Botschaft rein sachlich zu kommunizieren. Selbst der trivialste Inhalt, wie eine Weinempfehlung, wird auch auf der Beziehungsebene verstanden. Erst wenn Du es geschafft hast, beim Gast Vertrauen und Sympathie zu erzeugen, wird er Deine Empfehlungen bereitwillig annehmen. Wie Du das genau anstellst, werden wir uns in den Kapiteln zu verbaler und nonverbaler Kommunikation ansehen. Falls der Gast Dich dagegen nicht mögen sollte (was natürlich höchst unwahrscheinlich ist), interpretiert er Deine Aussage völlig entgegengesetzt. Es könnte sogar sein, dass er Deiner Empfehlung nicht nur ablehnend gegenübersteht, sondern gleichzeitig das Gefühl hat, Du wolltest ihn über den Tisch ziehen. Und das wirkt sich auch auf zukünftige Empfehlungen und Dein Trinkgeld negativ aus.

 MANAGEMENT:

Mach Dir diesen Kommunikationsaspekt zunutze, indem Du Kritik unter Mitarbeitern stets mit positiven Botschaften verknüpfst. Mit einem „Frau Mustermann, wie mir aufgefallen ist, haben Sie sich in den letzten Wochen sehr gut bei uns eingelebt und sind zu einer verlässlichen Stütze für mich geworden. Ich habe aber auch gemerkt, dass Sie unsere Karte noch nicht zu 100% beherrschen. Bis wann, denken Sie, wäre es realistisch, dass Sie sich mit unseren Produkten vertraut gemacht haben?" können Deine Angestellten besser umgehen mit einem bloßen „Sie können die Karte nicht. Das haben Sie bis Mittwoch zu bereinigen". Warte auf die Reaktion der Angestellten, sodass der gesetzte Termin auch von ihnen als verbindlich wahrgenommen wird.

1.2.4 ICH WAR'S NICHT – DAS URSACHE-WIRKUNGSAXIOM

Nach dem Abstecher in die verwirrende Welt der menschlichen Beziehungen, kommt Axiom Nummer 3 etwas einfacher daher. Es lautet: **Kommunikation ist immer zugleich Ursache und Wirkung**.

Nehmen wir an, ein Kollege geht Dir aus dem Weg. Statt sein Verhalten zu respektieren und zu hinterfragen, beschwerst Du Dich darüber. Weil Du Dich beschwerst, geht Dir Dein Kollege weiterhin aus dem Weg. Du hast erneut einen Grund, Dich zu beschweren usw. Ein Teufelskreis. In unserer Kommunikation reagieren wir stets auf etwas Vorausgegangenes. Dabei ist es unwichtig, ob das Vorausgegangene verbal oder nonverbal geäußert wurde. Mit unserer Reaktion verursachen wir wiederum eine Reaktion bei unserem Gegenüber.

Interessant wird dieses Verhalten, wenn Du einem Gast gegenüberstehst, der grundlos ungehalten wirkt. Da Du entgegen gängiger Gastmeinung die Kunst, Gedanken zu lesen, noch nicht gemeistert hast, weißt Du nicht, was den Gast stört und daher auch nicht, wie Du angemessen reagieren sollst. Viele Bartender und Servicekräfte ignorieren daher gekonnt die Gefühlslage des Gastes und verrichten weiter höflich ihre Arbeit. Und wenn Du Dir zum Ziel gesetzt hast, den Gast nie wieder zu sehen, ist gerade das in dieser Situation goldrichtig. Denn unser Gast, der vielleicht eine Beschwerde auf dem Herzen hat, reagiert mit Unmut darauf, dass Du scheinbar nicht auf sein Verhalten reagierst. Du wiederum bemühst dich um Höflichkeit, was den Gast, der sich und seine Beschwerde ignoriert sieht, weiter verärgert.

 **ZUSATZTIPPS:**

Die effektivste Methode, den Beschwerdekreis zu durchbrechen ist, dem Gast eine Möglichkeit zu bieten, sich explizit bei Dir zu beschweren. Frag ihn beispielsweise, ob alles in Ordnung und er zufrieden ist. Vermittle ihm das Gefühl, dass er sich Dir anvertrauen kann. Damit könntest Du vielleicht in diesem Moment Kritik hören, ersparst Dir aber den ganzen weiteren Aufenthalt über unangenehme Momente, da Du weißt, warum der Gast sich derartig verhalten hat. Und ganz nebenbei kannst Du den Beschwerdegrund aus dem Weg räumen, sodass unser missverstandener Miesepeter sich umsorgt und verstanden fühlt.

1.2.5 DIGITALAXIOM VS. LÜGENDETEKTOR

Wie würdest Du reagieren? Du möchtest ein neues Restaurant ausprobieren, öffnest die Tür und vor Dir steht ... der Joker! Zumindest, wenn man nach dem unheimlich breiten Grinsen geht. In meinem Fall war die erste Reaktion ein leichtes Zurückweichen. Die Einladung, doch etwas näherzutreten, die von einem noch falscheren Grinsen begleitet wurde, wirkte, nun ja, leicht psychopathisch. Halten wir fest: Selbst Batmans Joker hatte eine wesentlich freundlichere Ausstrahlung als dieser Zeitgenosse. Und ohne dass er ein einziges Wort geäußert hatte, war er zutiefst unsympathisch.

Unser viertes Axiom lautet daher: Menschliche Kommunikation bedient sich digitaler und analoger Hilfsmittel. Damit meint der Kommunikationswissenschaftler nicht etwa den Unterschied zwischen Smartphone und Kassettenrekorder. Als digital bezeichnet er die gesprochene Kommunikation, also ganz schlicht unsere Worte. Analoge Kommunikation ist dagegen alles, was die gesprochenen Worte bereichert. Wie beispielsweise die Gestik oder Joker-Mimik, aber z. B. auch die

Tonlage. Digitale Kommunikation bedient dabei die Inhaltsebene, die analoge Kommunikation die Beziehungsebene. Wir zeigen den Menschen also eher durch analoge Kommunikation, was sie von uns zu halten haben, als durch digitale Kommunikation. **Praktisch bedeutet das, egal wie höflich, freundlich, sachlich oder ernst Du dem Gast eine Aufforderung übermitteln willst, Gestik und Mimik werden verraten, was Du wirklich denkst. Übertriebenes Schauspielern ist also zwecklos.**

 ## TYPISCHE FEHLER:

Du fühlst Dich nicht nach Lachen? Dann vermeide unbedingt übertriebene Fröhlichkeit. Denn in den allermeisten Fällen bist Du erstens nicht von unsensiblen Tölpeln umgeben, die Du spielend täuschen kannst, und zweitens auch kein Oscar-prämierter Schauspieler. Wenn Du Dich also nicht nach Lachen fühlst, bleib unbedingt höflich, beziehungsweise korrekt, verzichte aber besser auf demonstrative Heiterkeit. Warnend sei allerdings gesagt: Offen zur Schau getragene Griesgrämigkeit, unwichtig wie authentisch sie auch ist, kann in der Gastronomie nicht geduldet werden. Einen höflich-neutralen Ton wirst Du ja wohl hinbekommen, auch wenn der Tag gerade mal nicht so gut läuft. Und wenn nicht, gibt es ein paar Möglichkeiten, sich wieder zu beruhigen: Ein lustiges Video auf Deinem Smartphone ansehen, eine Zigarette rauchen oder einfach mal eine Runde in der Personaltoilette das Waschbecken anschreien.

1.2.6 DAS (UN-)GLEICHHEITSAXIOM

„Jungchen, holen Sie mir noch einen Drink?" dieser Satz genügte, herablassend geäußert von einem ganz speziellen Gast mit teurer Uhr, einem noch teureren Wagen und verhältnismäßig billigen Sprüchen, um gedanklich Hühner zu rupfen und Hälse umzudrehen. Was er damit ganz klar signalisierte? Service-Personal rangierte in seiner Hackordnung sogar noch unter seinen spärlich bekleideten Begleitungen, die er nur ab und zu beachtete, wenn sie kleine quietschende Töne erzeugten, um seine Aufmerksamkeit zu erregen. Warum also empfinden wir solche Aussagen in manchen Situationen als unangemessen oder sogar unhöflich?

Der Grund ist unser letztes Axiom: **Kommunikation kann symmetrisch (gleichwertig) oder auch komplementär (ergänzend) geschehen**. Eine symmetrische Kommunikation liegt dann vor, wenn die Gesprächspartner sich um Gleichheit in der Kommunikation bemühen. Gegensätzlich dazu wird in der komplementären Kommunikation der Unterschied der Gesprächspartner herausgearbeitet. Die Rollen der Partner ‚ergänzen' sich dabei dahingehend, dass es einen überlegenen (superioren) und einen unterlegenen (inferioren) Part in der Kommunikation gibt. Damit ist aber nicht gemeint, dass eine symmetrische Kommunikation erstrebenswerter ist, als eine komplementäre. In einer anregenden Kommunikationsbeziehung sollten sich die Gesprächspartner nämlich tatsächlich ergänzen. Die überlegene Rolle sollte dabei aber von Thema zu Thema wechseln, sodass jeder dem anderen etwas Interessantes mitzuteilen hat.

Das Problem, das sich hieraus in der Gastronomie ergibt, ist offensichtlich: Wenn ein Gast deutlich superior mit Dir kommuniziert, hast Du nicht, wie in einer privaten Kommunikation, die Möglichkeit, diese Ungleichheit in einem anderen Aspekt auszugleichen. Denn die Beziehung zwischen Dir und dem Gast findet ja immer nur in der gleichen Umgebung und Situation statt.

Wenn es aber ein Gast gewohnt ist, überlegen aufzutreten, wird er sich nicht für Dich in seinen Gesprächsgewohnheiten ändern. Reagiere trotzdem auf seine Forderung und verzichte auf zwanghafte Versuche, dem Gast zu beweisen, dass Du gleichberechtigt bist. Ich rate Dir allerdings immer: Egal, wie Du dich auch in der Kommunikation gibst, sei Dir klar, dass Du trotz des momentanen Verhaltens ein gleichberechtigter Kommunikationspartner bist. Also tief durchatmen und Gelassenheit zeigen! Du bist Dienstleister, nicht Diener.

ZUSAMMENFASSUNG:

- Es gibt immer einen Sender und mindestens einen Empfänger einer Botschaft
- Du kannst nicht nicht kommunizieren
- Jede Botschaft hat einen Inhalts- und Beziehungsaspekt
- Kommunikation ist immer zugleich Ursache und Wirkung
- Kommunikation bedient sich analoger und digitaler Hilfsmittel
- Kommunikation ist entweder symmetrisch oder komplementär

ÜBUNGEN:

Zu 1.2.2 Kinderleicht: Axiom, die Erste
- Im Selbsttest: Du unterhältst Dich mit einem Arbeitskollegen. Dieser dreht Dir während des Gesprächs mehrfach den Rücken zu. Wie empfindest Du sein Verhalten? Unhöflich, irritierend, angenehm oder fällt es Dir noch nicht einmal auf?
- Serviceübung: Stell Dir vor, Du berätst gerade Gast A, aber Gast B an einem anderen Tisch fordert sofort und unbedingt Deine Aufmerksamkeit. Du bist gezwungen, Gast B zumindest kurz zu zeigen, dass Du Dich in Kürze um seine Wünsche kümmerst. Wie kannst Du trotzdem vermeiden, Gast A zu verärgern?

Zu 1.2.4 Ich war's nicht – Das Ursache-Wirkungsaxiom
- Im Selbsttest: Hand aufs Herz: wann hattest Du das letzte Mal Streit? Und wie weit kannst Du die Gründe dafür zurückverfolgen? Gab es einen ersten Grund, der nicht von etwas anderem ausgelöst wurde?
- Serviceübung: Denk an einen Kollegen oder Gast, der Dich nervt und versuche ernsthaft zu ergründen, warum er oder sie in bestimmten Situationen unangemessen reagiert. Hast Du einen Grund (z. B. Unsicherheit) gefunden, solltest Du ihn darauf ansprechen und so die Kommunikationsspirale durchbrechen.

Zu 1.2.5 Digitalaxiom vs. Lügendetektor

- Im Selbsttest: Trash-TV-Zeit! Nimm es auf Dich und schau Dir bewusst Scripted-Reality-Sendungen an. Keine Sorge, schon einmalige 10 Minuten genügen. Woran erkennst Du, dass die Schauspieler sich nicht wirklich freuen, traurig sind oder ärgerlich?
- Serviceübung: Ein stressiger Arbeitstag und Dein Feierabend ist noch weit entfernt. Zum allgemeinen Leidwesen strahlst Du diese Gereiztheit auch aus. Welche kleinen Übungen (wie tiefes Ein- und Ausatmen), die Du auch während der Arbeit absolvieren kannst, helfen Dir Dich zu beruhigen?

Zu 1.2.6. Das (Un-)Gleichheitsaxiom

- Im Selbsttest: Fällt Dir ein Unterschied auf, wenn Du mit Kindern, Kollegen oder Vorgesetzten sprichst? Falls ja, worin liegen die Unterschiede?
- Serviceübung: Notiere Dir kommunikative Eigenheiten, die einerseits komplementäre Kommunikation und andererseits symmetrische Kommunikation kennzeichnen (z. B. Siezen vs. Duzen; Beziehungsgesten vs. Vertrauensgesten usw.)

Komplementäre Kommunikation: Symmetrische Kommunikation:

KAPITEL 2

VERBALE KOMMUNIKA-TION

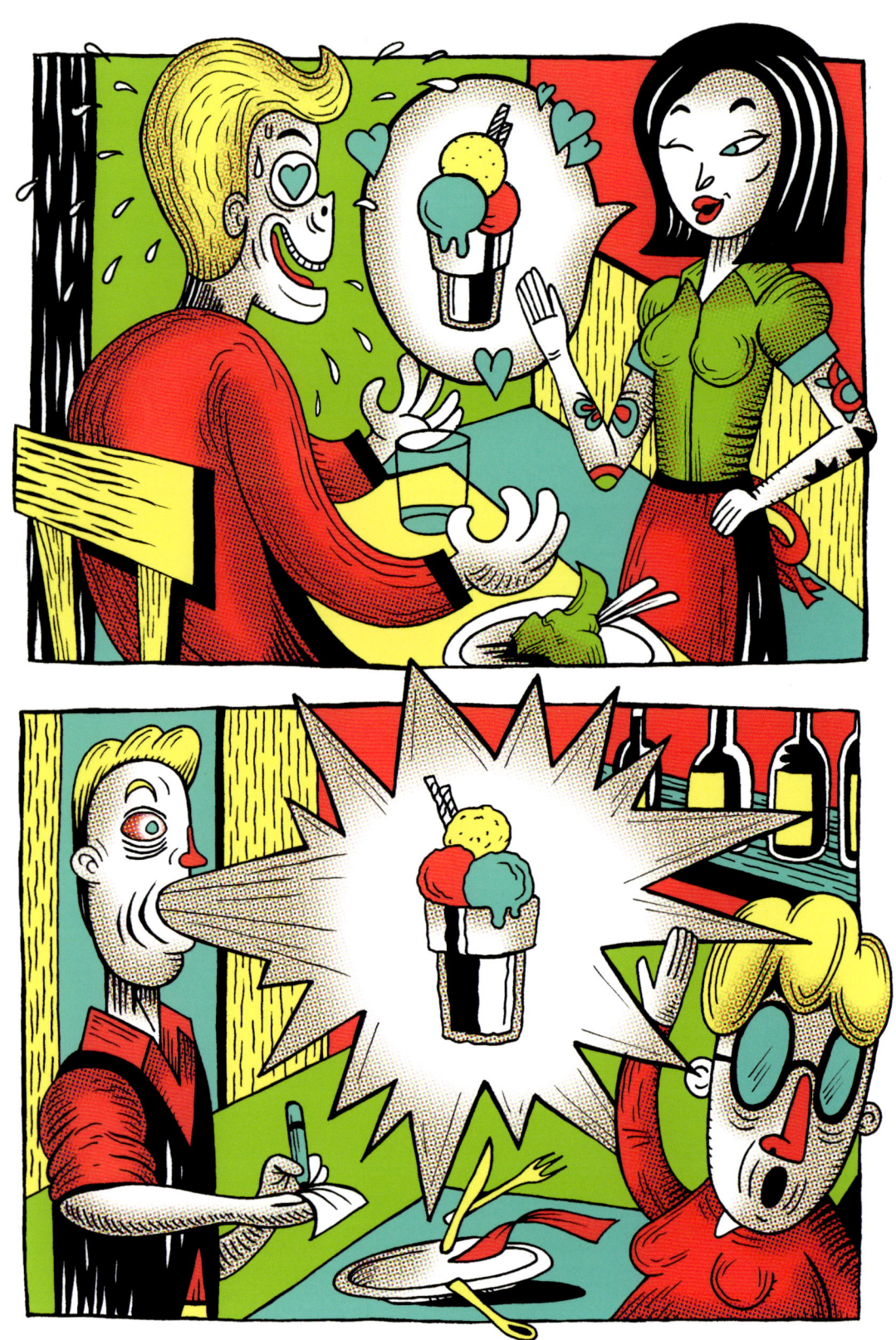

Gastronomie heißt, wie wir schon gesehen haben, Menschen mitsamt ihren Bedürfnissen zu erkennen, zu akzeptieren und zu bedienen, aber auch Deine Produkte zu verkaufen und vor allem zu kommunizieren. Wenn ein Kollege nun grimmig mit den Händen in den Hosentaschen vor den Gästen steht, nicht ein Wort abseits des Allernotwendigsten über seine Lippen bringt und die Fröhlichkeit wie ein schwarzes Loch in sich aufsaugt, dann haben wir zwar den Inbegriff eines deutschen Kellners vor uns stehen, aber auch ein Problem. Der Kollege hieß im Übrigen Thorsten und wurde nach der Probezeit nie wieder gesehen. Problem gelöst.

Um die traurige Geschichte des griesgrämigen Thorstens nicht zu wiederholen, geht es in diesem Kapitel um das nette Verpacken und Verstehen bestimmter Ausdrücke. Die gute Nachricht zuerst: Du musst nichts auswendig lernen. Die noch bessere direkt danach: ‚richtige' Kommunikation hat auch nichts mit aufgezwungenen Verhaltensweisen zu tun, die Deinen privaten Umgangsformen völlig fremd sind, sondern mit dem gekonnten Einbringen Deiner eigenen Persönlichkeit.

2.1 EINS, ZWEI ODER DREI: STRATEGISCHES AUFZÄHLEN

Bewiesenermaßen behalten Menschen am ehesten den Anfang und das Ende einer Aufzählung im Gedächtnis. Was merkst Du Dir, wenn Dir Deine Freundin den Einkaufszettel am Telefon in letzter Sekunde um zehn Produkte erweitert? Zwischen „Paprika, ..." und „ ..., Küchenpapier!" klafft meistens eine breite Lücke. Was zuhause zu Ärger führt, kann Dir am Arbeitsplatz nutzen. Denn wenn Dein Chef die Anweisung gibt, einen bestimmten Wein oder Nachtisch zu verkaufen, dann setz ihn einfach an Anfang oder Ende Deiner Empfehlung. „Ich kann Ihnen als Nachtisch unser hausgemachtes Zitronensorbet empfehlen. [kurze Pause] Wir haben aber auch ein sehr leckeres Tiramisu oder – wenn Sie es nicht so süß mögen – ein erfrischendes Rhabarberkompott." Der Gast wird sich meist das Sorbet und das Kompott merken und, ohne es selbst zu wissen, mit einer höheren Wahrscheinlichkeit für eben diese Produkte entscheiden.

 **VERKNÜPFT:**

Befehl von ganz oben: Das Zitronensorbet soll raus. Kennen wir ja schon. Weitergabe aus der leitenden Schicht: „Machen wir's spannender: Derjenige, der heute das meiste Sorbet verkauft, darf früher Feierabend machen." Ich, am Ende der Befehlskette, hatte nun die undankbare Aufgabe meinen acht Tischen das Sorbet schmackhaft zu machen. Das Problem: Sämtliche Tische waren von englischen Touristen besetzt, die ein Auge auf die Schwarzwälder Kirschtorte geworfen hatten. Die Lösung: Pausen.

Denn: Eine kleine Pause vor oder nach dem Produkt, das wir anpreisen möchten, wirkt Wunder. Du erhöhst damit die Aufmerksamkeit des Gastes und gibst ihm die Gelegenheit, sich das Zitronensorbet in den buntesten Bildern auszumalen. In meinem Fall half mir das beim Verkauf von immerhin stolzen fünf Sorbets, was in Anbetracht der übermächtigen Schwarzwälder Kirschtorte gar nicht so schlecht war.

2.2 WEICHSPÜLER: ICH-BOTSCHAFTEN

Egomanen aufgepasst! Ein weiteres Mittel zur gelungenen Kommunikation sind nämlich Ich-Botschaften. Wie der Name schon sagt, formulierst Du Deine Botschaften in Ich-Sätze um: „Ich fühle mich …", „Ich brauche …", „Ich habe nicht verstanden …" etc. Das Ziel ist dabei ähnlich einfach wie die Botschaften an sich. Du formulierst Deine Sätze auf diese Weise, um Deinem Gegenüber zu zeigen, was Du über verschiedene Sachverhalte denkst, fühlst usw. Du teilst also Anderen etwas über Dein Innenleben mit. So weiß Dein Gesprächspartner immer, was in Dir vorgeht.

Du kannst Dir Ich-Botschaften in der Gastronomie zunutze machen, indem Du dem Gast bestätigst, dass Du ihn und seine Bedürfnisse verstehst. Ein Gast möchte sich zum Beispiel bei Dir für die lange Wartezeit beschweren. Mit Antworten wie „Ich hätte mich zu dem Zeitpunkt auch vergessen gefühlt" oder „Mir wäre das zu diesem Zeitpunkt auch sehr unangenehm gewesen" demonstrierst Du Verständnis. Dein Verständnis wiederum wirkt deeskalierend und entschärft die Situation.

 ## TYPISCHE FEHLER:

Sie war jung, brauchte das Geld und studierte vermutlich irgendwas mit Psychologie. Nur so kann ich mir erklären, wie es kam, dass ich als Gast nichtsahnend von der Bedienung in Beschlag genommen und von ihrem Verständnis regelrecht erschlagen wurde: „Ich kann verstehen, dass sie sich über die lange Wartezeit ärgern, sie fühlen sich bestimmt vernachlässigt, nicht wahr? Ich sehe, dass sie verstimmt sind." Statt uns zu bedienen, wollte sie mit den Beileidsbekundungen gar nicht mehr aufhören. Ich-Botschaften statt Drinks? Nicht für uns! Ehe wir in einen Stuhlkreis gezwungen werden konnten, verabschiedeten wir uns und suchten das Weite.

Denn: Damit Du nicht selbstverliebt wirkst, solltest Du Ich-Botschaften sparsam dosieren. Penetrantes Wiederholen diverser Einstiege wie „Ich fühle …", „Ich empfinde …" oder „Ich habe das so wahrgenommen …" beschwören in Deinem Gesprächspartner eher Gewaltphantasien, als dass sie Verständnis suggerieren. Die richtige Dosis ist hier gefragt.

2.3 ANDERS AUSGEDRÜCKT: PARAPHRASEN

Ein Zauberwort der Gastronomie: paraphrasieren. **Als Paraphrasieren bezeichnet man das sinngemäße Wiederholen der Inhalte des Gesprächspartners in anderen Worten.**

„Wir nehmen einmal die Entenbrust, aber ohne Zwiebeln und mit Kartoffeln statt Reis. Einmal das Chili, aber extra scharf, dazu ein stilles Wasser und eine Cola, aber bitte nicht so kalt." Obwohl die Bestellung an sich keine gigantischen Ausmaße hat und die Gäste dankbarerweise auf weitere Sonderwünsche verzichten, ist es empfehlenswert, sie dennoch zu paraphrasieren: „Einmal unsere Entenbrust, ohne Zwiebeln, aber mit Kartoffeln und für den Herren ein extra-scharfes Chili und dazu ein stilles Wasser und eine nicht zu kalte Cola. Sehr gerne." Der Zweck dieser Übung ist das Demonstrieren der eigenen Aufmerksamkeit und die zusätzliche Absicherung, die Botschaft richtig verstanden zu haben. Auch falsch aufgenommene Bestellungen und Verständnisprobleme lassen sich so schon weit vor dem Servieren bemerken.

MANAGEMENT:

Die Servicekräfte haben viel zu tun und deshalb keine Zeit für diesen zeitverschwendenden Kommunikationsfirlefanz? Ganz im Gegenteil! Im Falle einer fehlerhaften Bestellung müsste man nicht nur mit einem verschwendeten Wareneinsatz rechnen, sondern auch die entstandene Arbeitszeit und die Wartezeit des Gastes einberechnen. Es entsteht eine Fehlerlawine, die wir vermeiden können, indem die Angestellten dazu angehalten werden, Bestellungen zu paraphrasieren.

2.4 LEICHTER ALS ES KLINGT: DISSOZIIEREN VS. ASSOZIIEREN

Doch in einer gelungenen Kommunikation geht es nicht nur darum, was wir selbst sagen, sondern auch, was unsere Gäste so von sich geben. Denn selbst bei einer einfachen Bestellung können wir viel über den Gast erfahren. Wie bei diesen drei sehr ähnlichen Sätzen mit grundverschiedenen Botschaften:

> A: „Ich möchte diesmal etwas anderes, als diesen Rum."
> B: „Ich möchte diesmal etwas anderes als Ihren Rum."
> C: „Ich möchte diesmal etwas anderes als meinen Rum."

Interpretiert man die Sätze A und B üblicherweise als implizite Abneigung gegen den angesprochenen Rum, zeigt Satz C dagegen, dass der Gast den angesprochenen Rum zwar gerne genießt, aber gerade etwas Abwechslung benötigt. Der Grund für die Interpretationen ist der unterschiedliche Einsatz von Demonstrativpronomen (dieser, jener usw.) und Possessivpronomen (mein, dein, sein usw.).

Wir ordnen Menschen, Dinge und Sachverhalte uns selbst zu, die wir mögen oder wenn wir eine emotionale Bindung zu ihnen haben. Das geschieht häufig durch Personalpronomen (ich, wir) und Possessivpronomen (mein, unser), die auf uns selbst bezogen sind. Der Satz „Ach, unser Michel hat nur Flausen im Kopf" zeigt dem Hörer, dass Michel vermutlich frech ist, er aber trotzdem gemocht wird. Diesen Prozess nennen wir verbales Assoziieren. In der Gastronomie ist verbales

Assoziieren unter anderem in Up-Selling-Situationen nützlich. Ein Gast wird sich eher für den etwas teureren Rotwein entscheiden, wenn Du ihm den Wein z. B. als „meinen persönlichen Lieblingswein, mit einer schönen Frucht" beschreibst.

Do	Don't
Personalpronomen: ich, du, er, sie, es, wir, ihr, sie (z.B. Ich bringe Ihnen,…)	Indefinitpronomen: jemand, alle, einer, man (Man bringt Ihnen die Speisekarte. Stattdessen: Ich bringe Ihnen unsere Speisekarte)
Possesivpronomen: mein, dein, sein, unser, euer, ihr (Mein Favorit, Unsere Empfehlung, Ihr Salat, etc.)	Demonstrativpronomen: der, die, das, dieser, diese, dieses, dieselbe, derselbe, dasselbe (der Tisch wird sofort für Sie frei. Stattdessen: Ihr Tisch wird sofort für Sie frei)
Reflexivpronomen: mich, dich, sich, uns, euch (z.B. Ich kümmere mich…)	

Möchten wir uns dagegen von etwas distanzieren, benutzen wir Demonstrativpronomen (dieser, jener usw.), Personalpronomen (er, sie, ihr usw.) und Possesivpronomen (sein, ihr, euer usw.), die uns selbst nicht einschließen. So zeigt der Satz „Ach, dieser Michel hat nur Flausen im Kopf" ein eher angespanntes Verhältnis zu Michel an. Gegenteilig zum verbalen Assoziieren, spricht man bei dieser Form der Distanzierung vom verbalen Dissoziieren.

Wenn wir also besonders gute oder beim Gast beliebte Produkte unterschwellig mit unserem Betrieb verbinden möchten, verwenden wir das verbale Assoziieren: „Ich empfehle Ihnen besonders unseren Martini". So verbindest Du zum einen den Martini mit Deiner Bar und zum anderen zeigst Du dem Gast, dass Du selbst von diesem Drink angetan bist. Unangenehme Themen hingegen, kannst Du auf eine sachlichere Ebene bringen, indem Du verbal dissoziierst: „Dieses Gericht wurde falsch aufgenommen? Ich kümmere mich umgehend darum". Dich selbst bringst Du hier nur mit der Lösung, nicht aber mit dem Problem zusammen.

 **VERKNÜPFT:**

Wenn es für jeden Topf einen Deckel gibt, dann sind verbales Dissoziieren und Assoziieren das Haushaltszubehör der Zukunft: Passt auf alles, ist leicht zu handhaben und lässt Kellnerherzen höher schlagen. Denn fast jede Kommunikationstechnik kann man mit der freundlichen Unterstützung passender Pronomen verfeinern. Sei es aktives Zuhören („Ja, ich kann verstehen, dass es ärgerlich ist, diesen Rotwein zu spät zu bekommen"), strategisches Aufzählen („... und natürlich unser Himbeersorbet") oder Paraphrasieren („Für Sie darf ich einen Cappuccino und unsere Erdbeer-Minz-Nachspeise bringen und für Sie...?") – ein passendes Pronomen unterstützt diskret Deine Botschaft.

2.5 ABGEWÜRGT? GÄSTE WÜRDIGEN

Gerade wenn Du nicht die redseligste Person auf Erden bist, solltest Du als Gastronom zumindest ein guter Zuhörer sein. Denn nach den Bestellungen haben Gäste keinen Aus-Knopf, der sie zum Schweigen bringt. Was denkst Du, ist für den Gast angenehmer in einem Gespräch, ein schweigender Beisitzer oder ein angeregter Zuhörer, der mit Ohs, Ahs und Gesten die Geschichte begleitet? Zumindest die Erkenntnisse der Psychologie deuten auf letzteres hin. Die Gesten und Laute signalisieren dem Sprecher nämlich echtes Interesse und führen unbewusst dazu, dass Du als aufmerksam von ihm wahrgenommen wirst. Allerdings sollten wir nicht zu großzügig mit den Ohs und Gesten umgehen, um besorgte Nachfragen nach unserem Geisteszustand zu vermeiden. Wieder gilt es, die richtige Dosis zu finden.

 **ZUSATZTIPPS:**

Dein Gesprächspartner langweilt Dich so sehr, dass Dein Gehirn sich mitsamt der guten Würdigungsabsicht gezielt dem komatösen Zustand nähert? Denn sind wir ehrlich: Es gibt Gäste, die nicht nur gerne und viel reden, sondern sich auch für Themen begeistern, die Dich absolut und überhaupt nicht interessieren. Mithilfe gut gesetzter Ohs und Ahs kannst Du das Gespräch auf ein Thema lenken, dass Dich mehr interessiert: „Ach, wirklich in Timbuktu?" Dein Gesprächspartner wird in den meisten Fällen darauf eingehen und das Gespräch in eine für Dich angenehmere Richtung lenken. Denn auch er hat lieber einen wirklich interessierten Zuhörer.

2.6 AUCH OHNE KONDITION MACHBAR: AKTIVES ZUHÖREN

Ein Gast hat Gefühle. Und die zu erkennen und darauf einzugehen ist Teil unseres Jobs. Nicht umsonst liest Du gerade Kommunikationstechniken, die in der Psychologie Anwendung finden. Wie aber kannst Du dem Gast zeigen, dass Du seine Gefühle verstanden hast? Eine Möglichkeit besteht darin aktiv zuzuhören. Diese Art von Zuhören verbindet die Techniken Paraphrasieren und Würdigen miteinander.

Unser Lieblingsstammgastonkel Maier (Du erinnerst Dich?) liefert hierfür mal wieder eine geeignete Situation. Er vergaß mit einer Regelmäßigkeit die Namen unserer Gerichte, dass das fröhliche Kuchenraten bei jedem seiner Besuche fast schon Standard war. Er wedelte mit Armen und Beinen, um eine Heidelbeerbaisertorte zu beschreiben oder suchte verzweifelt nach Möglichkeiten, unseren Himbeerquarkkuchen mit seinen eigenen Worten zu beschreiben. Im Service hat man nun zwei Möglichkeiten, mit solch einer Situation umzugehen: Wir können Herrn Maier entweder ausreden lassen, in der Hoffnung irgendetwas Sinnvolles zu verstehen. Oder wir kommen ihm entgegen und artikulieren, was wir verstehen und denken, was er meinen könnte. „Sie möchten also einen Quarkkuchen. Meinen Sie vielleicht den mit Himbeeren?" Das erleichtert dem Gast das Nachdenken, beweist, dass wir zuhören, und beendet das verzweifelte Leiden bei der

Begriffssuche. Selbst wenn unser Lösungsvorschlag „Himbeere" nicht korrekt sein sollte, stehen wir in einem Dialog mit dem Gast, der erleichtert sein wird, nicht mehr alleine suchen zu müssen.

2.7 DER TON MACHT DIE MUSIK – DER RICHTIGE TONFALL

„Darf es noch etwas sein?" Wie kann ein so harmloser Satz so unglaublich unfreundlich wirken? Diese Frage stellt sich leider immer wieder, denn egal ob gewollt oder nicht, zu oft spiegelt sich unsere Stimmung in der Tonlage wieder. Und der Tonfall bestimmt zu einem großen Teil, ob wir sympathisch oder unsympathisch wirken. Aber wie klingt ein servicetauglicher Tonfall?

Grundsätzlich gibt es zwei Sprachtechniken, die im Service von Vorteil sind. **Um eine Beziehung zum Gast aufzubauen, eignet sich ein sogenannter zugänglicher Tonfall. Dabei variieren die Tonhöhen bzw. -tiefen und gehen am Ende eines Satzes mehr oder weniger nach oben.** Gekoppelt mit einem leichten Lächeln in der Stimme signalisiert dieses Stimmmuster Sozialkompetenz und spricht den

Hörer auf der Beziehungsebene an. Möchtest Du eine Empfehlung aussprechen oder den Gast über etwas informieren, empfiehlt sich dagegen ein sachlicher Tonfall. **Eine Stimme, die gleichmäßig klingt und an den Satzenden ein wenig nach unten geht, wird als seriös und vertrauenswürdig empfunden.**

 ## ZUSATZTIPPS:

Du klingst wie Minnie Mouse und der Gast versteht nur jedes dritte Wort, weil Du es einfach nicht schaffst, das Tohuwabohu der anderen Gäste zu übertönen? Dann atme tief ein und aus und stell Dich aufrecht hin. Das begünstigt eine stabile Tonlage und mit dieser selbstbewussten Körperhaltung hört Dir der Gast gleich doppelt so aufmerksam zu.

 ## ZUSAMMENFASSUNG:

- Strategisches Aufzählen: Menschen merken sich den Anfang und das Ende einer Aufzählung
- Ich-Botschaften: Verpacke heikle Botschaften in Ich-Form
- Verbales Dissoziieren: Abgrenzen von Sachverhalten und Dingen mittels Pronomen
- Verbales Assoziieren: Verbinden von Sachverhalten und Dingen mit der eigenen Person mittels der 1. Person Singular und Plural
- Paraphrasieren: Das sinngemäße Wiederholen von Sachinhalten einer Botschaft
- Würdigen: Begleite mit Ohs, Ahs und Gesten das Gesagte des Gastes
- Aktives Zuhören: Verbindung von Paraphrasieren und Würdigen, um dem Gast zu demonstrieren, dass Du ihm gut zuhörst.
- Zugänglicher Tonfall: Die Tonhöhen variieren im Gespräch leicht und gehen am Ende von einem Satz mehr oder weniger leicht nach oben
- Sachlicher Tonfall: Gleichmäßige Tonlage, die am Ende des Satzes leicht nach unten geht
- Pausen: Heben eine Empfehlung hervor

ÜBUNGEN:

Zu 2.1 Eins, zwei oder drei: Strategisches Aufzählen

- Im Selbsttest: Erinnerst Du Dich noch an das Kinderspiel „Ich packe meinen Koffer"? Wo stehen die Begriffe (Anfang, Mitte, Ende), die Du besonders gut im Gedächtnis behalten konntest?
- Serviceübung: Du sollst ein Himbeerdessert verkaufen. Das Prinzip Strategisches Aufzählen ist Dir bekannt. Wie kann man dieses Prinzip noch wirkungsvoller mit anderen Kommunikationstechniken verknüpfen?

Zu 2.2 Weichspüler: Ich-Botschaften

- Im Selbsttest: Stell Dir sich Folgendes vor: Du bringst eine Bestellung durcheinander und Dein Kollege muss die verärgerten Gäste besänftigen. In der Pause nimmt er Dich beiseite und spricht Dich (Möglichkeit A) mit einem: „Wie kannst Du nur so eine Bestellung durcheinanderbringen?" oder (Möglichkeit B) mit einem „Ich verstehe nicht, was da bei der Bestellung schiefgehen konnte." an. Welche Kritikvariante kannst Du eher annehmen und warum?
- Serviceübung: Formuliere fünf Anschuldigungen, die Du häufig während der Arbeit hörst, in Ich-Botschaften um. Bsp.: „Du sprichst zu leise." vs. „Ich verstehe Dich nicht."

Zu 2.3 Anders ausgedrückt: Paraphrasen

- Im Selbsttest: Lass Dir Folgendes von einem Freund oder Kollegen vorlesen und merke es Dir, ohne es nochmals zu paraphrasieren. „Forelle, Zander, Rind, Tomaten, Linsen, Salat". Kannst Du nach 30 Sekunden die Bestellung noch problemlos wiedergeben? Wiederhole nun die Übung mit folgender Wortkette „Lachs, Reh, Möhren, Wasser, Reis, Pommes". Wiederhole die Bestellung einmal laut. Kannst Du sie nach 30 Sekunden noch problemlos wiedergeben? Wenn Dir das gelingt, versuche als nächstes, Dir eine Bestellung für eine ganze Personengruppe zu merken. Im Kopf kannst Du zum Beispiel eine Bestellung Deiner Geschwister und Eltern erfinden. Wichtig ist, dass Du jeder Person nach einiger Zeit immer noch das richtige Gericht zuordnen kannst.
- Serviceübung: Du bedienst an einem geschäftigen Abend eine 5er-Gruppe und siehst, dass sich gerade andere Gäste an einen weiteren Tisch setzen und auf die Karte warten. Warum solltest Du Dir trotz allem die Zeit nehmen, um die Bestellung der 5er-Gruppe zu paraphrasieren? Oder anders gefragt:

Welche negativen Folgen hat eine falsch aufgenommene Bestellung für Dich und den Betrieb?

Zu 2.4 Leichter als es klingt: Dissoziieren vs. Assoziieren

- Im Selbsttest:

  A: Ich empfehle Ihnen unseren Hauswein.

  B: Ich empfehle Ihnen den Hauswein.

  Welcher Satz spricht Dich als Gast mehr an und warum?

- Serviceübung: Ein Fehler ist Dir im Service unterlaufen. Wie kannst Du die folgende Frage „[die, meine] Bestellung [wurde, habe ich] vergessen?" mithilfe von Personal- und/oder Demonstrativpronomen so formen, dass Du den Fehler nicht mit der eigenen Person verknüpfst?

Zu 2.5 Abgewürgt? Gäste würdigen

- Im Selbsttest: Schnapp Dir einen Kollegen und probe folgende zwei Gesprächssituationen:

  A: Du erzählst eine Geschichte, Dein Gegenüber hört reglos zu.

  B: Du erzählst eine Geschichte, Dein Gegenüber begleitet diese mit Gesten und Ohs und Ahs.

  Welche Gesprächssituation empfindet Ihr als angenehmer?

- Serviceübung: Wie wir mittlerweile wissen, ist es wichtig, den Gästen ein gutes Gefühl zu geben. Auch wenn sie nur vermeintlich spannende Urlaubsanekdoten oder Büroheldentaten zum Besten geben. Wie kannst Du als Zuhörer dem Gast vermitteln, dass Du ihm zuhörst?

Zu 2.6 Auch ohne Kondition machbar: Aktives Zuhören

- Im Selbsttest: Was erwartest Du von einer Servicekraft in einer Smalltalk-Situation? Ordne dazu folgende Begriffe, der Wichtigkeit nach aufsteigend: Verständnis, Ausreden lassen, Zuhören, ähnliche Hobbys, gemeinsamer Humor

Zu 2.7 Der Ton macht die Musik – Der richtige Tonfall

- Im Selbsttest: Was unterscheidet den Tonfall eines Nachrichtensprechers vom Tonfall einer Talkshow-Moderatorin?

- Serviceübung: Welchen dieser beiden Tonfälle findest Du in seriösen Verkaufssituationen als angemessen und welchen Tonfall würdest Du für Smalltalk anschlagen?

KAPITEL 3

NONVERBALE KOMMUNIKA-TION

Nachdem Du Dich nach dem letzten Kapitel als Meister der verbalen Kommunikation betrachten darfst und gleich auf Deine Gäste losstürzen möchtest, muss ich Deine Euphorie vorerst etwas bremsen. Denn ein Großteil unserer Kommunikation geht über das gesprochene Wort hinaus. Wir erinnern uns: Man kann nicht nicht kommunizieren. Ja, einige Kommunikationsforscher sind sogar davon überzeugt, dass sich unser Gegenüber nur an weniger als 10% Inhalt einer Botschaft erinnert. Dagegen bleiben bei ihm mehr als 90% unserer Intonation, Kopf- und Körperhaltung, Gestik und Mimik hängen. Es heißt eher „Tom, das ist doch der mit dem Tattoo" als „Tom ... ist das der, der uns von Italien erzählt hat?".

Das bedeutet konkret, dass wir weniger mit unserem Gehör als vielmehr mit den anderen Sinnen wahrnehmen, wobei unserem Sehvermögen eine besondere Rolle zukommt. Heutzutage können wir uns beliebig vieler Statistiken bedienen, die nur zu einem Zweck aufgestellt wurden: Körpersprache analysieren. Um Dir den Datensalat zu ersparen, kommen wir gleich zum Wesentlichen, also den Ergebnissen, die auch für den Alltag in der Gastronomie relevant sind.

3.1 MIT KÖPFCHEN: DIE PASSENDE KOPFHALTUNG

Kopf gerade, Brust raus und Bauch rein – et voilà, schon haben wir die Verkörperung von Stärke und Selbstbewusstsein. Zwar wird in der Gastronomie weniger der Kraftaspekt wertgeschätzt, da man schnell aggressiv wirken kann, umso mehr aber ein gesundes Selbstbewusstsein. Für diesen Eindruck ist vor allem die Kopfhaltung verantwortlich. Wenn Du den **Kopf gerade hältst**, als würdest Du ein Buch darauf balancieren, schaust Du dem Gegenüber eher in die Augen und vermittelst so einen selbstbewussten Eindruck.

Diese sogenannte **glaubhafte Kopfhaltung** zeichnet sich neben dem senkrecht gehaltenen Kopf durch wenig Bewegung aus, die, wenn, dann nur kurz und knapp ausfällt. Denn übertriebenes Herumhampeln wirkt weder elegant noch professionell. Vermeide also wildes Gestikulieren. **Sparsame, effiziente Bewegungsabläufe vermitteln den Gästen einen kompetenten Eindruck.** Du zeigst, dass Du Deine Arbeit beherrschst, Deine Handlungen überlegt und die Gäste in guten und kompetenten Händen sind.

Die Hände dort lassen, wo der Gast sie sehen kann. Damit zeigst Du Deinen Gästen unbewusst, dass Du keine Gefahr darstellst. Auch wenn es sehr nach Steinzeit klingt – unsere Instinkte hemmen auch heute noch unser Sicherheitsgefühl, wenn

Dinge im Verborgenen liegen. Zusätzlich kannst Du so schneller reagieren, falls Deinem Kollegen etwas vom Tablett fällt oder Dein Gast ein Glas umstößt, als wenn die Hände auf dem Rücken verschränkt sind.

Eine Frau hält ihren Kopf leicht schräg, während sie mit einem Mann spricht? Dann stimmen Männerzeitschriften, Flirtratgeber und Hobbypsychologen enthusiastisch überein: Sie hat Interesse! Die Begründung ist dafür ebenso einfach wie die Diagnose. Wird der Kopf leicht zur Seite geneigt, spricht man von einer **zugänglichen Kopfhaltung**, die mit leichten Bewegungen zusätzlich unterstützt wird. Der Zweck der Übung? Die zugängliche Kopfhaltung spricht das Gegenüber auf der emotionalen Ebene an und sorgt dafür, dass weniger der Inhalt des Gesprächs, als vielmehr die Beziehung in den Vordergrund rückt. Das lässt sich natürlich auch gegenüber Gästen hervorragend einsetzen, um eine persönlichere Beziehung aufzubauen – auch abseits der Flirterei.

 ## ZUSATZTIPPS:

Wann Du welche Kopfhaltung zeigst, bleibt Deinem Feingefühl überlassen. Grundsätzlich lässt sich aber sagen, dass eine glaubhafte Kopfhaltung ein seriöses Auftreten unterstützt. Die zugängliche Kopfhaltung eignet sich dagegen hervorragend für Smalltalk, in dem es ohnehin weniger um Inhalt und mehr um Networking geht.

3.2 GESUNDHEITSCHECK: GLAUBHAFTE KÖRPERHALTUNG

Der Rücken schmerzt, die Füße sowieso und wenn Du genau darauf achtest, beginnen auch langsam Deine Knie zu protestieren. Spätestens jetzt entschuldigen wir uns geistig bei unserem Orthopäden, der uns die bequemen Schuhe mit den guten Einlagen ans Herz gelegt hat, geloben Besserung und würden viel bis alles für eine Pausenmassage geben. Damit Du Dir an der Garderobe, Spüle oder an einem schleppenden Abend im Service nicht die Beine in den Bauch stehst, empfiehlt sich schon aus gesundheitlichen Gründen die **glaubhafte Körperhaltung: Positioniere Deine Füße etwa beckenbreit,** so verteilt sich Dein Gewicht optimal auf beide Füße. **Zusätzlich solltest Du Dein Brustbein ein wenig anheben.** So hältst Du Dich gerade und beugst nebenbei einem Rundrücken vor.

MANAGEMENT:

Über 40% der Servicemitarbeiter klagen über Rückenschmerzen, wenn sie das 30. Lebensjahr überschritten haben. Im Klartext bedeuten diese 40% potentielle Krankschreibungen mit eventueller Aussicht auf Arbeitsunfähigkeit. Es empfiehlt sich deshalb, allen Mitarbeitern die glaubhafte Körperhaltung besonders ans Herz zu legen, da sie nicht nur positiv auf die Gäste wirkt, sondern auch den Körper optimal entlastet.

3.3 KÖRPERSPRACHE

Du stehst sowieso meist an Spüle oder Garderobe und meinst, dass Du aus dem Schneider bist, was psychologischen Firlefanz angeht? Von wegen! Auch wenn Du nicht aktiv im Service arbeitest, solltest Du Dich in **glaubhafter Körpersprache** positionieren. Du bist da, um ge- und nicht übersehen zu werden – das gilt gegenüber Gästen wie Kollegen. Selbstverständlich ist mit dieser Präsenz nicht gemeint, dass Du mit dramatischen Paukenschlägen an Tische oder Gäste trittst und deren volle Aufmerksamkeit einforderst. Viel eher solltest Du gesehen werden, wenn der Gast Dich sehen möchte. **Das erreichst Du, indem Du Dein Brustbein und den Kopf ein wenig hebst, sodass Du Deine volle Größe zeigst.**

 ZUSATZTIPPS:

Falls Dich die Arbeitshektik mal übermannen sollte, empfehle ich Dir mithilfe der **indirekten Atemberuhigung** Deine Anspannung zu lindern. Überprüfe dafür bewusst Deine Körperhaltung, damit Du während der Arbeit die angespannten Körperteile entspannen kannst und so eine tiefe Atmung erreichst. Durch die Entspannung Deines Körpers, entspannen sich automatisch auch dein Kopf und die dazugehörigen hektischen Gedankengänge, sodass Du die Arbeit ein Stück ruhiger angehen kannst.

3.4 KOVERBALES ZUHÖREN

Du möchtest zusätzlich zu allen kommunikativen Tricks auch noch zeigen, dass Du Dein Gegenüber schätzt? Dann höre ihm koverbal zu! In der Praxis sieht das folgendermaßen aus: Du begleitest die Ausführungen Deines Gesprächspartners mit Bewegungen, die ihm zeigen, dass Du mit Deiner Aufmerksamkeit voll bei ihm bist. Zeigt er beispielsweise auf sein Menü, folgst Du mit Deinem Kopf der Bewegung. Zeigt sich Dein Gegenüber empört über die öffentlichen Verkehrsmittel, nickst Du gleichfalls entrüstet an den richtigen Stellen. Je intensiver und häufiger Deine Bewegungen sind, desto größer ist die Würdigung, die Dein Gegenüber erfährt.

 TYPISCHE FEHLER:

„Ist die nich' ganz dicht?", doch dicht schon, nur vielleicht ein bisschen übereifrig. Gemeint war eine neue Kollegin, die die Sache mit dem koverbalen Zuhören etwas zu eifrig praktizierte. Und tatsächlich: Drehte man sich zu ihr um, wirkte sie wie die Übersetzerin eines Taubstummen. Um den Eindruck eines gut dressierten Äffchens zu vermeiden, solltest Du deshalb nicht zu wild oder enthusiastisch in Gestik und Mimik werden. Hier gilt: weniger ist mehr! Wenn Du Dein Gegenüber gut einschätzen kannst, lässt sich die Stärke Deiner mimischen Reaktion sogar individuell anpassen.

3.5 KÖNIGSDISZIPLIN MIMIK

So sehr unsere gesamte Körpersprache schon auf den Gast wirkt, umso mehr tut das auch die Mimik. Denn aus kürzerer Distanz, wer hätte es gedacht, wird der Gast uns vor allem ins Gesicht sehen. Dabei sind wir uns der Wirkung unserer eigenen Mimik oft gar nicht genau bewusst. „Was ist denn? Ich LÄCHLE doch!", pflegte mein ehemaliger Chef sich zu rechtfertigen, wenn man ihn darauf aufmerksam machte, dass sein Gesichtsausdruck nur Angst und Schrecken verbreitete. Aus karrieretechnischen Gründen hielten wir uns ihm gegenüber dann aber besser mit der Richtigstellung seiner Selbsteinschätzung zurück.

Unser Lächeln, die Augen, der gesamte Gesichtsausdruck wird insgesamt von mehr als 26 Muskeln gesteuert, die äußerst schwer bewusst zu kontrollieren sind. Die Mimik bestimmt sehr stark, wie wir einen Menschen einschätzen und kann damit als Königsdisziplin der nonverbalen Kommunikation gelten. Nicht umsonst beschränkt sich der Kreis wirklich guter Schauspieler auf nur wenige Auserwählte. Solltest Du nicht zu diesen Auserwählten gehören, empfehle ich Dir auch, Dich von der Schauspielerei soweit es geht fernzuhalten und eine zwar bewusste, aber keine gespielte Mimik einzusetzen.

3.5.1 ZÄHNE ZEIGEN! DUCHENNE-LÄCHELN

Lächeln – die viel zitierte Zauberformel für den Verkauf, zufriedene Gäste und den Weltfrieden. Mindestens. Sicher, ein Lächeln ist wohl der beste Weg, eine Beziehung zwischen zwei Menschen herzustellen, Wogen zu glätten und einen guten Eindruck zu hinterlassen. Allerdings nur dann, wenn es von Herzen kommt. **Dieses „echte" Lächeln wird auch Duchenne-Lächeln genannt.** Der französische Psychologe Guillaume-Benjamin Duchenne bemerkte bereits im 19. Jahrhundert, dass ein ehrliches Lächeln nicht bei den Mundwinkeln aufhört, sondern bis zu den Augen reicht. Denn dort zeigen sich die sympathischen Lachfältchen, die ein Indiz für ein Duchenne-Lächeln sind. Wenn von uns ein Lächeln verlangt wird, ist also Ehrlichkeit die Devise.

 **TYPISCHE FEHLER:**

Du fühlst Dich nicht nach Lächeln, geschweige denn nach Luftsprüngen? Dann vermeide es unbedingt, einen Gast breit anzulächeln. Das Resultat könnte in einer Grimasse enden.

3.5.2 SCHAU MIR IN DIE AUGEN

Dein schönstes Duchenne-Lächeln wird aufgrund eines stressigen Abends, noch stressigeren Arbeitskollegen oder der Kombination aus beidem verhindert? Dann führt kein Weg am Aufnehmen und Halten von Blickkontakt vorbei. Wenn Du den Blick einer anderen Person suchst und hältst, baust Du eine Beziehung zu Deinem Gesprächspartner auf, was die Kommunikation intensiviert und zusätzlich zu einer sympathischen Wirkung beiträgt. Sozusagen als Bonusfunktion bist Du so in der Lage, die Wünsche der Gäste auch ohne viel Gerede von deren Augen abzulesen. Übrigens: In-die-Augen-schauen ist etwas anderes als Nieder- oder Anstarren. Zu intensiver Blickkontakt in altbewährter Western-Duell-Manier schüchtert eher ein und provoziert eine Abwehrreaktion.

 **ZUSATZTIPPS:**

Ein Produkt ist ausgegangen? Dann lass Deinen Blick besser auf die Karte oder zu Deinen Kollegen hinter die Bar wandern. Erst wenn Du dem Gast ein Ausweichprodukt vorschlägst, siehst Du ihn wieder an. Auf diese Weise verankerst Du die positiven Aspekte wie Deine Hilfsbereitschaft und Freundlichkeit und distanzierst Dich von dem Fehlen der Ware. Wir wenden hier also nonverbal eine ähnliche Methode an, wie auf verbaler Ebene beim Assoziieren und Dissoziieren.

3.6 GESTIKULIEREN

Mit Kopf, Lächeln und Blickkontakt ist alles im grünen Bereich? Dann wird es Zeit für die weniger subtile, aber dafür etwas einfacher zu handhabende Gestik.

Die Bestellung ist irgendwie in den Wirren des Arbeitstages verloren gegangen und es ist nicht einmal Deine Schuld? Die Verantwortung auf Andere abwälzen solltest Du dennoch nicht, weil Petzen schon seit der Schulzeit niemand mag und das außerdem weder Dir noch dem Gast weiterhilft. Solche Situation handhaben wir am besten mit Vertrauensgesten:

Eine Vertrauensgeste ist eine beiläufige Handbewegung die den Sender einer Botschaft miteinbezieht. Wenn Du also dem Gast versicherst, Dich persönlich um etwas zu kümmern, legst Du zusätzlich die flache Hand auf Deinen Brustkorb. So lenkst Du den Blick auf Dich und verknüpfst Dein Gesagtes eng mit Dir. Auf die Weise versicherst Du den Gästen, dass sich jemand um ihre Wünsche kümmert. Dass Du die Speise/das Getränk daraufhin persönlich an den Tisch bringst, versteht sich von selbst.

Um den Smalltalk ein wenig persönlicher zu gestalten, eignen sich dagegen hervorragend Beziehungsgesten. **Eine Beziehungsgeste verbindet den Sender und Empfänger einer Botschaft ohne Berührung.** Du deutest beispielsweise von Dir auf den Gast und wieder zurück, um eine Beziehung anzuzeigen. Die Beziehungsgeste spricht Dein Gegenüber auf der Beziehungsebene an und eignet sich deshalb hervorragend für „Wir-Sätze", wie „Wir probieren das nächste Mal einfach den spanischen Rotwein".

3.7 PENCOM-NICKEN

Eine unauffällige und vor allem genial einfache Technik, um den Gast in seinen Entscheidungen zu beeinflussen, ist das Pencom-Nicken. Wenn Du dem Gast zum Beispiel einen Aperitif vorschlagen möchtest mit den Worten „Darf ich Ihnen einen unserer Aperitifs zum Einstieg empfehlen?", nickst Du bei den letzten Worten Deines eigenen Satzes leicht mit dem Kopf. Dein Nicken signalisiert dem Gast, dass es eine gute Idee wäre, Deine Empfehlung anzunehmen, da aufgrund des Nickens die Hemmschwelle für ein eigenes Nicken sinkt. Du bist, auf den fachsprachlichen Punkt gebracht, das „intialisierende Vorbild der Zustimmung". Genauso funktioniert das natürlich beim Wasser zum Kaffee, bei der Sahne zum Eis usw.

 ## ZUSAMMENFASSUNG:

- Glaubhafte Kopfhaltung: Der Kopf wird gerade gehalten und wenig bewegt, das unterstützt ein seriöses Auftreten
- Zugängliche Kopfhaltung: Der Kopf wird leicht schräg gehalten und leicht bewegt, spricht das Gegenüber auf der Beziehungsebene an
- Glaubhafte Körperhaltung: Die Füße werden beckenbreit platziert, das Brustbein angehoben und die Hände für den Gast sichtbar gehalten
- Koverbales Zuhören: Das Gesagte des Gegenübers mit Gesten unterstützen
- Duchenne-Lächeln: Echtes Lächeln, das an den Lachfältchen erkannt werden kann
- Aufnehmen und Halten von Blickkontakt: Baut eine Beziehung zum Gesprächspartner auf und intensiviert die Kommunikation
- Vertrauensgeste: Eine beiläufige Handbewegung, die den Sender einer Botschaft miteinbezieht
- Beziehungsgeste: Eine Geste, die den Sender und Empfänger einer Botschaft ohne Berührung miteinander verbindet
- Pencom-Nicken: Nicken, das die Hemmschwelle für ein eigenes Nicken reduziert und zur Zustimmung ermuntert

ÜBUNGEN

Zu 3.1 Mit Köpfchen: Die passende Kopfhaltung
- Serviceübung: Notiere Dir Situationen, in denen eine glaubhafte Kopfhaltung sinnvoll ist.
- Serviceübung: Notiere Dir Situationen, in denen eine zugängliche Kopfhaltung von Vorteil ist.

Zu 3.2 Gesundheitscheck: Glaubhafte Körperhaltung
- Serviceübung: Ausnahmsweise mal ein träger Abend im Service und Du stehst Dir die Beine in den Bauch? Um Gelenkschmerzen vorzubeugen, willst Du es mit der Praxis-Tauglichkeit der glaubhaften Körperhaltung probieren. Aber wie ging die nochmal? Notiere die wichtigsten Punkte:

_____

_____

Zu 3.3 Körpersprache
- Im Selbsttest: Skizziere die Haltung einer schüchternen und die einer selbstbewussten Person. Wo liegen die Unterschiede?
- Serviceübung: Du arbeitest und es ist brechend voll. Dementsprechend haben die Gäste eine schlechte Sicht auf Dich. Mit welchen nonverbalen Kommunikationsmöglichkeiten kannst Du die glaubhafte Körperhaltung unterstützen, sodass die Gäste möglichst schnell auf Dich aufmerksam werden, sobald sie einen Wunsch haben?

Zu 3.4 Koverbales Zuhören
- Im Selbsttest: Du bist seit langer Zeit mal wieder Gast in einer Kneipe. Deine Bedienung freut sich offensichtlich genauso wie Du, Dich wieder zu sehen und begleitet alle (aber auch wirklich JEDE) Deiner Erzählungen mit ausladenden Gesten. Abgesehen davon, dass Du Dein Augenlicht mit reaktionsschnellen Ausweichmanövern gerade noch retten konntest, was denkst Du über die extrovertierte Gestik?

- Serviceübung: Auch wenn Taten mehr als Worte zählen, sollten wir es mit dem koverbalen Zuhören nicht übertreiben. In welchen Situationen im Servicegespräch hältst Du koverbales Zuhören dennoch für ein wichtiges Begleitmittel?

Zu 3.5 Königsdisziplin Mimik

- Serviceübung: Zähne zeigen, Lippen verziehen, Augen zusammenpressen – Lächeln kann ziemlich gruselig wirken. Woran erkennt man ein ehrliches Lächeln?
- Serviceübung: Blickkontakt ist für guten Service unerlässlich. Aber warum? Notiere Dir persönliche und geschäftliche Vorteile von Blickkontakt.

Zu 3.6 Gestikulieren

- Serviceübung: Beziehungs- und Vertrauensgesten sind für den Service wichtig. Aber was unterscheidet diese Gesten?
- Serviceübung: Überlege Dir, für welche dieser Szenarien sich die Beziehungs- und für welche Szenarien sich die Vertrauensgesten eignen und warum:

a) Ein Gast erkundigt sich bei Dir, wo seine Bestellung bleibt. Du antwortest darauf: „Ich kümmere mich umgehend darum!"

b) Drei Stammgäste unterhalten sich mit Dir über ein Fußballspiel, das sie sich anschauen möchten. Du musst an dem Tag leider arbeiten und antwortest deswegen: „Ich warte kommenden Samstag auf euch hier. Dann können wir hoffentlich auf einen grandiosen Sieg anstoßen!"

Zu 3.7 Pencom-Nicken

- Serviceübung: Auf Konzerten, im Theater oder im Flugzeug, also an Orten, an denen geklatscht wird, fällt auf, dass wir als Passagiere oder Zuschauer ein initiierendes Klatschen brauchen, um selbst mit dem Beifall loszulegen. Genauso funktioniert auch das Pencom-Nicken. Überlege, warum das Pencom-Nicken in folgenden Situationen von Vorteil ist:
* Bestellungen aufnehmen
* Beschwerdehandling
* Up-Selling

KAPITEL 4

VERHALTEN VOR DEM GAST

Neben all den gezielten Kommunikationsstrategien sollten auch ein paar grundsätzliche Umgangsformen beachtet werden. Vieles davon ist eigentlich eine Selbstverständlichkeit, nicht nur im Beruf. Aber man stößt immer wieder auf faszinierende Gegenbeispiele:

„Studentisch, billig, nett" – das waren die Worte, die mich zur Einkehr in eine neue Bar bewegen sollten. Billig war's tatsächlich, studentisch auch, nur am Nett-Aspekt haperte es. Das lag vor allem an zwei Servicekräften, die sich anscheinend nicht einig waren, wer unseren Tisch übernehmen sollte. Uns wäre es herzlich egal gewesen, hätten wir die Getränke nur endlich bekommen. Den streitenden Servicekräften scheinbar nicht. Bevor es zu Haare-Ziehen und Kratzen kommen konnte, machte der Barbesitzer der peinlichen Szene ein Ende.

Ein Einzelfall? Von wegen! Denn viele Angestellte wissen nicht, wie sie sich im Gastkontakt verhalten sollen. Im besten Fall kann das zu witzigen, im schlechtesten Fall zu wirklich peinlichen und rufschädigenden Szenen führen. Zeit für eine detaillierte Anleitung.

4.1 SPIEGLEIN, SPIEGLEIN AN DER WAND – DEIN ERSCHEINUNGSBILD

Zum Gastkontakt gehört auch das Erscheinungsbild, denn unwichtig, wie gut Du Cross-Selling-Techniken beherrschst, mit Mundgeruch und fettigen Haaren wird Dich das nicht weiterbringen. Selbstverständlich ist das Erscheinungsbild oft auch konzeptabhängig. Eine Kneipe hat sicherlich einen anderen Dresscode als ein gehobenes Restaurant. Beginnen wir deswegen mit einer guten alten Weisheit: Weniger ist oft mehr.

4.1.1 FRISUR

Ja, wo ist er denn? Wenn es soweit kommen sollte, dass Dein Gesicht komplett von Haaren verdeckt wird, kann das auf kommunikativer Ebene einige Probleme nach sich ziehen. Denn Frisuren, die tief ins Gesicht reichen, vermitteln dem Gesprächspartner Unsicherheit und verursachen dadurch oft Misstrauen. Das liegt daran, dass Dein Gegenüber Dir nicht mehr richtig in die Augen schauen kann. Und gerade die Augen sind, wie wir gelernt haben, ein entscheidender Teil nonverbaler Kommunikation. **Lass also immer mindestens die Augen komplett frei.** Ganz nebenbei hat die freie Sicht auch den Vorteil, potentielle Gefahrenquellen zu erkennen. Allgemeine Haarpflege setze ich an dieser Stelle mal voraus.

4.1.2 SCHMINKE

Auch beim Thema Make-up und Schminke empfiehlt es sich, grundsätzlich auf das jeweilige Konzept und Klientel zu achten. Darüber hinaus gilt: **Zu auffällige und dicke Schminke hat den abgeschwächten Effekt einer Maske.** Gäste realisieren (un)bewusst, dass sie Dein Gesicht nicht unverfälscht wahrnehmen können. Es könnte dadurch das Gefühl entstehen, dass Du Dich hinter Deiner Schminke versteckst.

4.1.3 SCHMUCK

So reizvoll Ringe mit Familiensiegel zweifelsohne sein können, in der Gastronomie hat protziger Schmuck nichts zu suchen. Zum einen sind zu große Ringe und Armbänder hinderlich, wenn es um Hygiene geht. Zum anderen kann klobiger Schmuck schnell die Ästhetik eines drittklassigen Hip Hop-Videos aufkommen lassen. Es ist allerdings auch nicht Sinn der Sache, Dir Deine Accessoires aufzudiktieren. Sprich Dich deshalb mit Deinem Vorgesetzten ab und erkundige Dich auch nach seinen Vorstellungen von Schmuck.

4.1.4 ZEIGT HER EURE HÄNDE!

Weißt Du noch, was Du in den letzten 30 Minuten während der Arbeit angefasst hast? Es ist kein großes Geheimnis, dass sich unsere Hände als Bakterienzwischenstopp hervorragend eignen. Und eben weil das kein Staatsgeheimnis ist, ekeln sich viele Gäste, von Kellnern bedient zu werden, deren Hände wie die ureigene Brutstätte von Ungeziefer aussehen. Deswegen solltest Du immer saubere und gepflegte Hände während der Arbeit haben.

 ZUSATZTIPPS:

Wenn das regelmäßige Händewaschen während der Arbeit nicht direkt ganz vergessen wird, dann wird die lästige Pflicht leider häufig im derartig schnellen Husch-Husch-Prinzip absolviert, dass die meisten Hände kaum mit Wasser und Seife in Berührung kamen, ehe sie wieder abgetrocknet werden. Dass das für die Bakterien eher eine lauwarme Dusche, statt die nötige Apokalypse bedeutet, leuchtet ein. Tu also Dir, Deinen Gästen und mir den Gefallen und wasch Deine Hände richtig:

1. Die Hände mit lauwarmem Wasser anfeuchten.
2. Seife (oder anderes geeignetes Säuberungsmittel) auf die Hände geben und ca. 10 Sekunden lang auf den Händen verteilen. Auch zwischen den Fingern.
3. Gründlich mit lauwarmem Wasser abwaschen.
4. Abtrocknen.

„Weniger ist mehr" bedeutet aber glücklicherweise nicht, dass Du auf jegliche Accessoires oder persönliche Noten verzichten sollst. Im Gegenteil: **kleine persönliche Noten sind sogar von Vorteil.** Besonders dann, wenn Du einen guten Service machst, werden sich Deine Gäste genau an diese Besonderheiten, wie eine charakteristische Frisur, eine schlichte Kette oder schöne Ohrringe erinnern. Deine Gäste werden sich freuen, Dich wiederzuerkennen und wissen, dass sie bei Dir in guten Händen sind. Und das erleichtert Deinen Job beim nächsten Besuch gewaltig.

4.2 GASTRO-KNIGGE

Die britische Höflichkeit ist legendär. Genau wie die des deutschen Servicepersonals ... NICHT. Genervtes Augenrollen bei Sonderwünschen, ungeduldiges Stöhnen bei längerem Nachdenken, belächelnde Arroganz, wenn der Gast einen ganzen Pitcher Bier zum Dessert bestellt – all das ist in einigen Restaurants, Hotels und Bars der Standard. Aber was gehört zum höflichen Servicestandard und wann ist förmliche Höflichkeit fehl am Platz?

4.2.1 DUZIE

Du, Sie oder einfach man? Ganz abgesehen davon, dass ein neutrales „Man könnte sich auch für einen trockenen Rotwein entscheiden" empfindliche Feministinnen auf den Plan ruft und Oben-ohne-Proteste und öffentliche BH-Verbrennungen zur Folge haben könnte, ist „man" grundsätzlich die schlechteste Anrede. Es klingt zu unpersönlich und baut keine Beziehung zwischen Dir und dem Gast auf. Bleiben noch das persönliche „Du" und das höfliche „Sie". Was in welcher Situation angemessen ist, hängt von folgenden Faktoren ab:

- Der Region: In einigen Regionen ist ein „Sie" üblicher als in anderen. Auch der Unterschied zwischen Stadt und Land kann sich hier bemerkbar machen.
- Dem Alter: Jüngere Gäste können und möchten eher geduzt werden als ältere Damen und Herren.
- Der Lokalität: In Bars und Kneipen herrscht häufig ein lockererer Umgangston als in Restaurants. Deswegen geht es auch dort ungezwungener zu, sodass ein „Du" schneller angeboten und angenommen werden kann.
- Und schlussendlich ist das „Sie" oder „Du" genauso konzeptabhängig wie Dein Erscheinungsbild.

TYPISCHE FEHLER:

Je nachdem, welche Ansprache Du für einen Gast wählst, demonstrierst Du entweder Höflichkeit oder Vertrautheit. Schließ aber niemals von einem angebotenen Du auf ein freundschaftliches Verhältnis. Je nach Situationen wird Dir das Du angeboten, aber nicht der Posten als Vertrauensperson. Halte Dich deshalb mit überschwänglichen Vertrauensbekundungen etwas zurück, bis Du den Gast besser einschätzen kannst.

MANAGEMENT:

Es kann den Mitarbeitern helfen, wenn festgelegt wird, dass alle Gäste grundsätzlich mit „Sie" angesprochen werden. So entsteht beim Gast keine Irritation, wenn er etwa von einem Kellner gesiezt, von dessen Kollegin aber geduzt wird. Eine Ausnahme sind dabei natürlich Stammgäste und Bekannte, zu denen eine engere Beziehung besteht.

4.2.2 PSSSST! DISKRETION

Klatsch und Tratsch machen Spaß, tun normalerweise niemandem weh, aber sind leider allzu oft geschäftsschädigend. Denn egal ob Du mit einem Kollegen in Hörweite der Gäste tratschst oder den Klatsch der Tische an Freunde weitergibst, es lässt Dich in einem schlechten Licht erscheinen. Vermeide deshalb unbedingt private Gespräche in Hörweite der Gäste und trage nichts, was Du gehört hast nach außen. Die Informationen bleiben immer dort, wo Du sie gehört hast!

TYPISCHE FEHLER:

„Was sollte denn das, Du Trottel?". Ja, das fragt man sich häufiger, gerade in einer konfliktreichen Branche wie der Gastronomie. Und so gut es auch tut, seiner Wut Luft zu machen – Kritik an Kollegen und Angestellten gehört in die Kategorie „private Gespräche". Daher solltest Du NIEMALS Deine Kollegen in Hörweite der Gäste zurechtweisen. Du verstärkst dadurch den begangenen Fehler, indem Du die gesamte Gastaufmerksamkeit auf ihn ziehst. Egal wie unverzeihlich dumm Dein Kollege sich auch angestellt haben mag, warte besser eine ruhige und gastfreie Minute ab.

ZUSAMMENFASSUNG:

Erscheinungsbild:
- Frisur: Keine weit in das Gesicht reichenden Frisuren tragen und die Haare, falls nötig, zusammenbinden
- Schminke: Achte darauf, Dich nicht zu stark zu schminken, um den Effekt einer Maske zu vermeiden
- Schmuck: Aus Hygienegründen und ästhetischen Erwägungen solltest Du dezenten Schmuck wählen
- Hände: Wasche Deine Hände regelmäßig und gründlich; achte zusätzlich darauf, dass Deine Fingernägel sauber und gepflegt sind

Gastro-Knigge
- Duzie: Wähle anhand der Kriterien Region, Alter, Lokalität und Vertrautheit die passende Anrede
- Diskretion: Vermeide es, vor Gästen persönliche Gespräch zu führen, oder deren Gespräche nach außen zu tragen

ÜBUNGEN

Zu 4.1 Spieglein, Spieglein an der Wand – Dein Erscheinungsbild
- Serviceübung: Was fällt Dir zu folgenden Begriffen in Bezug auf Deinen Arbeitsplatz ein?

Frisur

Schminke

Schmuck

Hände

Arbeitskleidung

Zu 4.2 Gastro-Knigge
- Serviceübung Duzie: Abgesehen davon, dass die große Frage „Du oder Sie?" von verschiedenen Dingen abhängt (Region, Alter, Lokalität), ist ein wichtiger Faktor das jeweilige Konzept. Was gibt das Konzept Deines Arbeitsplatzes denn zum Thema Duzen vor?
- Serviceübung Diskretion: Stell Dir folgende Situation vor: Du bist im Service und bekommst mit, wie Dein Kollege an einem Tisch behauptet, dass die Bestellung so lange brauchte, weil Du die Bestellung verlegt hast – was nicht stimmt. Wie reagierst Du darauf richtig?

KAPITEL 5

NÜTZLICH. PRAKTISCH. GUT. KOMMU- NIKATIONS- PSYCHOLOGIE IN DER PRAXIS

Genug von grauer Theorie, denn was letztlich zählt ist die Praxis. Deshalb soll dieser Praxisteil Dir eine Inspiration geben, die gelernten Kommunikationstechniken und Anstandsregeln in den Arbeitsalltag einzubinden. Dabei folgen wir zunächst dem Muster des altbekannten Servicekreislaufs von der Begrüßung bis zum Abschied. So bist Du für jede Situation gerüstet.

5.1 SERVICEKREISLAUF

5.1.1 HALLO, GRÜSS GOTT UND CIAO

Nutzbare Techniken: Verbales Assoziieren, Würdigen, Zugängliches Stimmmuster, Duchenne-Lächeln, Pencom-Nicken, Blickkontakt, Zugängliche Kopfhaltung

Die Begrüßung dient hauptsächlich einem Zweck: Sie soll eine Beziehung zwischen zwei oder mehreren Menschen herstellen. Wenn wir also Gäste begrüßen, heißt es, eine Beziehung zu ihnen aufzubauen. Wie Du das genau machst, bleibt größtenteils Dir überlassen. Abgesehen von den wichtigsten Besonderheiten darfst Du Dir im Do-It-Yourself-Verfahren Deine individuelle Begrüßung schneidern. Ein paar grundsätzliche Ratschläge gibt es trotzdem.

5.1.1.1 Gastgeber

Dir wurde die Aufgabe übertragen, die Gäste zu begrüßen. Das bedeutet im Klartext: Du bist das erste Gesicht, das der Gast wahrnimmt und damit vorerst in alleiniger Gastgeberrolle. **Als guter Gastgeber grüßt Du immer zuerst.** Deine Begrüßung kann und soll dabei variieren. Das bedeutet, dass Dir die ganze Bandbreite der Nettigkeiten zur Verfügung steht, wie „Schön, Sie zu sehen", „Herzlich Willkommen" oder „Guten Tag/Abend". Ja, sogar ein herzliches „Grüß Gott" muss nicht deplatziert wirken, wenn man es mit der passenden Mimik und Gestik verkauft. Dabei ist ein attraktiver Empfangsbereich nicht zu unterschätzen. Sorg immer dafür, dass der Eingang sauber und frei ist und keine Warteschlange entsteht, damit Deine Gäste keinen schlechten ersten Eindruck erhalten.

5.1.1.2 Herr Schmitt!

Zusätzlich gibt es eine Kleinigkeit, die eine große Wirkung auf den Gast und damit den Verlauf des weiteren Besuchs hat: **Wenn Du den Namen des Gastes kennst, sprich ihn damit an.** Ein „Herr Schmitt, schön, dass Sie wieder bei uns sind" spricht Dein Gegenüber auf der Beziehungsebene an und wirkt dadurch nicht nur persönlicher, sondern auch herzlicher als ein bloßes „Schön, dass Sie wieder bei uns sind". Zusätzlich signalisierst Du Herrn Schmitt, dass Du ihn wiedererkennst und das schmeichelt ihm.

 **ZUSATZTIPPS:**

Aber wie kommst Du an die Namen Deiner Gäste? Nun, zum Beispiel kannst Du den Namen des Gastes bei Kartenzahlungen bequem herausfinden, indem Du den Namen auf der Karte liest. Wiederhole ihn in Gedanken, bis Du wieder beim zahlenden Gast angekommen bist und binde den Namen in das Gespräch ein. Ein „Herzlichen Dank Herr Schmitt, ich bräuchte hier noch eine Unterschrift" hilft Dir dabei, Dir den Namen nachhaltiger einzuprägen.

5.1.1.3 Duchenne-Lächeln im Praxistest

Eine Begrüßung ist mit einem nett gemeinten „Hallo" längst nicht getan. Denn nach dem, was man sagt, kommt wie man es sagt. Und das Wie einer Begrüßung ist bei weitem vielschichtiger als das Was. Daher sind die nonverbalen Techniken für eine angemessene Begrüßung auch ein wenig variantenreicher. Was Du niemals vergessen solltest, ist jedenfalls ein Lächeln. Das ernst gemeinte **Duchenne-Lächeln** gehört nämlich zum Pflichtprogramm einer anständigen Begrüßung. Aber keine Sorge, Du sollst nicht grinsen bis die Muskeln schmerzen, sondern vielmehr den gesunden Mittelweg finden. Zwischen Griesgram und Honigkuchenpferd liegen nämlich viele Färbungen, die Du für Dich nutzen kannst. Schon ein leichtes Lächeln zeigt sich in Deiner Stimme und wird unbewusst vom Gast wahrgenommen.

5.1.1.4 Blickkontakt

Ein weiteres Muss bei der Begrüßung ist der Blickkontakt. Sieh Deinem Gegenüber offen in die Augen und halte den Blick - aber bitte ohne zu starren. Dem Gast vermittelst Du damit das Gefühl, dass Du nichts zu verbergen hast und Dich für ihn interessierst und Du selbst hast den Vorteil, Dir das Gesicht des Gastes bereits bei der Begrüßung einzuprägen und so bei der Verabschiedung individuell auf ihn reagieren zu können.

 **ZUSATZTIPPS:**

Falls es zu Problemen kommen sollte … und Deine Begrüßung so herzlich war, dass Herr Schmitt sich gar nicht mehr von Dir und dem Empfang trennen möchte, dann hör ihm unbedingt gut zu und geh darauf ein. Was sich im ersten Moment vielleicht nach wirrem Geschwätz anhören mag, zeigt in Wirklichkeit großen Erfolg. Denn unwichtig, was Herr Schmitt sagen wird, sobald Ihr einmal im Gespräch seid, kannst Du ihn auch dazu bringen, sich zu setzen: „Ja, da hatten sie wirklich eine erschöpfende Woche. Dann zeige ich ihnen am besten einen gemütlichen Platz, sodass sie ihre verdiente Entspannung bekommen" oder „Ach wirklich? Glückwunsch. Na, dann haben sie sich ja unseren besten Platz mit Blick auf die Bar redlich verdient." Bekräftige Deine Aussage noch mit einem Pencom-Nicken und einem charmanten Lächeln, sodass der Gast nicht das Gefühl hat, gegängelt zu werden.

5.1.2 SERVIEREN

Nutzbare Techniken: Assoziieren, Paraphrasieren, Würdigen, indirekte Atemberuhigung, Koverbales Zuhören, Blickkontakt, Pausen

Die Begrüßung ist absolviert, die Gäste sitzen an ihren Tischen und Du hast die ehrenvolle Aufgabe, den größtmöglichen Umsatz bei hundertprozentiger Gästezufriedenheit zu erarbeiten. Und das soll auch noch Spaß machen und nicht nach Arbeit aussehen. Kurz gesagt: Guter Service ist oft Knochenarbeit, die von vielen unterschätzt wird. Deshalb sind meine Praxistipps nicht nur für die Gästezufriedenheit und den Umsatz gedacht, sondern auch dafür, Deine Arbeit entspannter zu gestalten. Denn wenn es Deinen Gästen gut geht, werden sie Dir kleine Fehler nicht übel nehmen und auch mal längere Wartezeiten akzeptieren.

5.1.2.1 Icebreaker – Gegen eisige Stimmung

Ein Gast hat sich an einen Deiner Tische gesetzt. Wenn Du ihn noch nicht selbst begrüßt hast, ist der erste Schritt, auf ihn zuzugehen und ihn herzlich zu begrüßen. Das alleine reicht aber bei weitem noch nicht aus, um eine dauerhafte Verbindung zwischen Dir und Deinem Gast entstehen zu lassen. Dein Ziel sollte es sein, nach oder sogar noch während der Begrüßung möglichst schnell aus einem x-beliebigen Bediensteten zu einer Person zu werden, die die Gäste erkennen und mögen.

Dabei hilft der Icebreaker, eine kleine Bemerkung, die individuell auf den Gast zu geschnitten ist und die eisige Anspannung zwischen Gast und Servicepersonal durchbricht. Wenn Du einen Gast zum ersten Mal bedienst, bringt Dich häufig nur deine Intuition weiter. Auffällige Erscheinungsmerkmale helfen dabei. Der Gast trägt den Schal eines Fußballvereins? Dann hast Du hoffentlich die letzten Spielergebnisse parat, um mit einem kleinen Kommentar die Stimmung aufzulockern.

Gäste, die Du schon einmal bewirten durftest, bieten deutlich mehr Einsatzmöglichkeiten für Icebreaker. Er kann sich zum Beispiel nicht an eine bestimmte Vorspeise erinnern und versucht sie zu beschreiben? Du kannst ihm die Arbeit abnehmen mit einem „Ah, Sie meinen bestimmt unseren Krabbensalat. Den hatten Sie doch das letzte Mal, als Sie bei uns waren". Damit vermittelst Du dem Gast ein Gefühl von Vertrautheit und lässt ihn seine Anspannung verlieren. Vorsicht bei ausgefalleneren Themen: Denn selbstverständlich solltest Du auch wissen, wovon Du sprichst.

ZUSATZTIPPS:

Falls Du den Gast noch nicht kennst, hilft aufmerksames Beobachten, um eine Verbindung zum Gast herzustellen. Du kannst, wenn Dir kleine Besonderheiten auffallen, locker darauf eingehen. Einer Dame beispielsweise, die eine ausgelegte Zeitschrift beäugt, bringst Du eben diese an den Tisch und empfiehlst ihr nebenher einen Artikel. Damit verbindest Du guten Service und kommst mit der Dame in ein lockeres Gespräch. Jenseits von Bestellwünschen.

5.1.2.2 Empfehlenswert

Du hast die Anordnung, einen bestimmten Wein oder eine Vorspeise zu verkaufen? Dann solltest Du Dir vor allem vier Techniken zunutze machen: Pausen, strategisches Aufzählen, eine glaubhafte Tonlage und verbales Assoziieren.

Ein Gast erkundigt sich nach dem Nachtischangebot. Wenn es Dir nicht völlig gleichgültig ist, was Du verkaufst, sondern Du dringend das hausgemachte Feigenmousse anpreisen sollst, dann erreichst Du Dein Ziel folgendermaßen: „Ich persönlich kann ihnen das Schokoladeneis mit heißen Zimtaprikosen, das Tiramisu [Pause] oder unser hausgemachtes Feigenmousse anbieten." Die kleine Pause zwischen Tiramisu und Mousse erhöht die Aufmerksamkeit des Gastes und hebt den Feigennachtisch besonders hervor. Mithilfe der zusätzlichen verbalen Assoziation signalisierst Du dem Gast, dass Du persönlich von der Qualität überzeugt bist. Es ist von enormem Vorteil, wenn Deine Stimme gleichmäßig bleibt und an den Satzenden ein wenig absinkt. Die glaubhafte Tonlage vermittelt Kompetenz, da der Gast sich so auf der sachlichen und nicht auf der emotionalen Ebene angesprochen fühlt.

TYPISCHE FEHLER:

Mach Dir bewusst, dass die Gäste am Nachbartisch zuhören, wenn Du eine Empfehlung aussprichst. Denn es kann einige Gäste völlig durcheinander bringen, wenn Du eine völlig andere Empfehlung aussprichst, als Dein Kollege dem Gast am Nebentisch. Ist nun der spanische oder französische Wein die passendere Wahl zum Kalbsfleisch? Um Verwirrungen zu vermeiden, sprich Dich grundsätzlich vor jeder Schicht mit den Kollegen ab, was zu verkaufen ist und wohin die Empfehlungen gehen sollen.

5.1.2.3. Teamworker

„Das ist nicht mein Tisch!", so schallte es mir als Gast schon entgegen, wenn ich verzweifelt versuchte, bei einem Kellner meine Bestellung aufzugeben. Vermutlich saßen wir wirklich nicht in seinem Zuständigkeitsbereich. Aber was geht das die Gäste an? Gäste haben nicht die Pflicht, sich in die internen Strukturen des Betriebs einzuarbeiten, sondern haben das Recht, freundlich und zügig bedient zu werden. Klar aufgeteilte Arbeitsbereiche mögen daher zwar intern helfen, den Überblick zu behalten, sollten Dich aber nicht davon abhalten, den Gästen den bestmöglichen Service zu bieten. Springen wir also über unseren Schatten und nehmen die Bestellung auf – der Kollege wird sich sicher revanchieren.

Und auch wenn in Deinem Betrieb ein Übernehmen des anderen Arbeitsbereichs ausgeschlossen ist oder Ihr gar keine genaue Unterteilung habt: Wenn Du Zeit und Kraft hast, unterstütze Deine Kollegen, dann läuft auch Deine Arbeit besser. Allerdings sollte die Übernahme von fremden Aufgaben kommuniziert werden, damit kein Chaos entsteht.

Sollte in Deinem Gästebereich aber tatsächlich mal Ausnahmezustand herrschen und Du hastest gerade beladen mit einem Dutzend Tellern vorbei, sodass wirklich keine weitere Bestellung in Deinem Kopf Platz hat, gibt es einen kleinen Satz, auf den Du ausweichen kannst: „Mein Kollege ist sofort bei Ihnen!" – Voraussetzung für diese Fluchtmöglichkeit ist aber, dass Du Dir genügend Zeit nimmst, um den Satz freundlich zu kommunizieren (und zwar ins Gesicht) und ihn nicht nur im Vorbeilaufen hinüberrufst. Außerdem solltest Du wirklich umgehend Deinen Kollegen informieren.

Die richtige Kommunikation mit den Kollegen kann Dir in jedem Fall viel Arbeit abnehmen. Sei es flexibles Aushelfen an den Arbeitsstationen, ein angenehmes Arbeitsklima oder effizientere Abläufe - die richtige Absprache im Team erleichtert vieles. Leider verhindern oft Stolz oder falsche Hierarchien, sich mit den Kollegen abzusprechen oder sie in bestimmten Situationen um Hilfe zu bitten.

 ## ZUSATZTIPPS:

Du sollst etwas aus dem Lager holen und daher Deine Station am Tresen einige Augenblicke an einen Kollegen abgeben. Wie kannst Du nun Deine Bitte so formulieren, dass der Kollege sich genauso gut um Deine Station kümmert wie um seine eigene? Wenn Du ihn um etwas bittest, sprich den Kollegen symmetrisch an und nicht von oben herab. „Hast Du Luft, um kurz auf meine Station mit aufzupassen? Ich muss was aus dem Lager holen, damit wir wieder Rechnungen drucken können." Mithilfe der verbalen Assoziation zeigst Du, dass Dein Ausflug nicht dem Privatvergnügen dient, sondern auch der Kollege etwas davon hat. Bedanke Dich bei ihm, wenn er einwilligt und gib ihm die wichtigsten Informationen zu den Gästen oder aktuellen Aufgaben an Deiner Station. So kann er in aller Ruhe übernehmen.

5.1.3 ADIEU

Nutzbare Techniken: Glaubhafte Körperhaltung, glaubhafte Kopfhaltung, Duchenne-Lächeln, Blickkontakt, glaubhafter Tonfall

Nach dem Essen fühlt man sich in einigen Lokalitäten als Gast nur noch als störender Platzverschwender, der so schnell wie möglich zu bezahlen und nach Hause zu gehen hat. Das ist nicht nur ungemütlich für die Gäste, sondern auch geschäftsschädigend. Besonders weil vergraulte Gäste nicht mehr unbedingt das Bedürfnis verspüren, wiederzukommen. Denn egal, wie gut es vorher war – woran sich Deine Gäste unbewusst am meisten erinnern werden, ist das Ende ihres Aufenthalts. Von der entspannten Abrechnung bis zum herzlichen Abschied, sollte deshalb Einiges beachtet werden.

5.1.3.1 Mit Karte oder bar?

Die Gäste sind zufrieden, Deine Arbeit ist getan – abgesehen von einer entscheidenden Kleinigkeit: Der Rechnung. Das Bezahlen ist wohl der heikelste Teil der Servicearbeit, da in dieser Situation aus zufriedenen wirklich ärgerliche Gäste werden können, wenn mit der Rechnung oder Deinem Verhalten etwas nicht stimmt. Denn wenn es um Geld geht, ist von Toleranz meist nur wenig zu sehen.

Ab in die Praxis: Ein Tisch möchte bei Dir bezahlen. Allein schon, wie Du diese Order aufnimmst, ist von Bedeutung, da der Gast während des gesamten Geldtransfers das Gefühl haben möchte, dass Du alles unter Kontrolle hast. Also zeig ihm das auch, indem Du ihm durch Blickkontakt und mindestens durch ein Nicken versicherst, dass Du ihn gehört hast. Bei größeren Gruppen empfiehlt es sich, im Voraus zu fragen, ob Du die Rechnung gemeinsam ausstellen darfst oder sie lieber gesplittet werden soll. Wenn Du die Rechnung an den Tisch bringst, möglichst zeitnah natürlich, solltest Du außerdem die bewährte glaubhafte Körper- und Kopfhaltung vor dem Gast zeigen. Halte also den Kopf und Körper gerade, lass die Hände sichtbar für den Gast und überreiche ihm die Rechnung erst, nachdem Du Dich erkundigt hast, ob alles zu seiner Zufriedenheit war. Deine klare Verhaltensweise vermittelt den Gästen ein sicheres Gefühl und begleitet die Investition mit einer angenehmen Empfindung.

MANAGEMENT:

„Die Rechnung stimmt nicht!" – wo Hollywood-Studios Aliens und Erdbeben aufbieten müssen, reichen in der Gastronomie diese vier Worte zur totalen Katastrophe. Denn egal, wie wohlgesonnen der Gast bis jetzt war, wenn die Rechnung nicht stimmt, hat man meist einen Gast verloren. Das Gegenmittel? Wohldosierte Kulanz. Sei es ein Preisnachlass oder ein Getränk aufs Haus, Großzügigkeiten stellen ein Gegengewicht her, sodass der Gast nicht nur die fehlerhafte Rechnung in Erinnerung behält. Vorsorge ist hier allerdings die Mutter der Porzellankiste: Bei Unsicherheiten sollte die Rechnung schon überprüft werden, bevor sie überhaupt an den Gast geht.

5.1.3.2 Auf Wiedersehen!

Wenn Du das Trinkgeld eingesackt hast, ist Deine Arbeit noch nicht ganz getan, denn zumindest das Verabschieden steht noch an. Das heißt aber nicht, dass der Gast bei der sich nächst bietenden Gelegenheit hinausgeschmissen werden soll, sobald er bezahlt hat. Also lässt man ihn, wenn keine akute Tischknappheit besteht, gemütlich sitzen. Wird allerdings jeder Tisch gebraucht, gibt es durchaus freundliche Wege, den Gast darauf hinzuweisen. Einerseits hilft es, dem Gast durch verbales Assoziieren eine nachvollziehbare Begründung zu geben, z. B.: „Wir haben einige Gäste, die heute auch gerne noch in den Genuss kommen würden." Außerdem wird der freundliche Rauswurf wesentlich besser aufgenommen, wenn er mit einer positiven Aussicht verknüpft wird. Empfiehl beispielsweise eine Bar in der Nähe und ergänze dabei „Sagen sie dem Barmann einfach, dass sie von mir kommen und grüßen sie schön!". So haben die Gäste nicht nur die Motivation, aufzubrechen, sondern Dein guter Service begleitet sie über den Aufenthalt hinaus.

Nun ist das Ziel erreicht und die Gäste verabschieden sich gefühlt freiwillig und zufrieden? Dann achte darauf, dass keine Gegenstände (Halstücher, Regenschirme, etc.) am Tisch vergessen werden. Denn hier besteht eine weitere Chance, dem Gast bis zum Schluss aufmerksamen Service zu bieten.

ÜBUNGEN

Zu 5.1.1 Hallo, Grüß Gott und Ciao

- Im Selbsttest: Was ist Dir bei der Begrüßung als Gast besonders wichtig?
- Serviceübung: Was bedeuten Gastname, Duchenne-Lächeln und Blickkontakt in Bezug auf eine gelungene Begrüßung?

Zu 5.1.2 Servieren

- Serviceübung: Gäste haben sich an Deinen Tisch gesetzt – wie würdest Du den folgenden Serviceablauf in Stichworten beschreiben?

_____

_____

_____

- Serviceübung: Icebreaker: Der Icebreaker hat die Aufgabe, Dich als Servicekraft zu etwas Besonderem für die Gäste werden zu lassen. Was könnte Deiner Meinung gut als Icebreaker bei Deinen Gästen funktionieren?
- Serviceübung Empfehlenswert: Welche Kommunikationstechniken kann man sich zunutze machen, wenn der Gast um eine Empfehlung bittet?
- Serviceübung Teamwork: Einer für alle und alle für mich ... Notiere Dir, was Du von Deinen Kollegen während der Arbeit erwartest und stelle dem das gegenüber, was Du im Gegenzug für Deine Kollegen getan hast.

Zu 5.1.3 Adieu

- Welche der Aufgaben fallen bei einer Verabschiedung für Dich als Service-kraft an?

- Was ist für Dich als Gast wichtig, wenn Dir die Rechnung gebracht wird und Du zahlen möchtest?
- Serviceübung Bezahlen: Welche Kommunikationstechniken sind für den Rechnungsablauf wichtig?

5.2 BESCHWERDEHANDLING

Hundertprozentig zufriedene Gäste? Nach den letzten Kapiteln dürfte das für Dich kein Problem mehr sein. Zumindest, wenn man die verschwindend geringe Minderheit der notorischen Nörgler oder geborenen Misanthropen nicht mit einberechnet, die man sowieso nicht als Gast haben möchte. Mit dieser Ansicht ließe es sich ganz angenehm leben, wenn die notorischen Nörgler keine Freunde hätten, denen sie in den lebhaftesten Bildern von ihrem bei Dir erlebten Schrecken berichten würden. Statistiken zufolge erreicht ein unzufriedener Gast durchschnittlich 11 seiner Freunde, die sich von dem Erzählten beeinflussen lassen. In Zeiten von Online-Portalen können sogar noch weit mehr Menschen erreicht werden. Damit beeinflusst unser Misanthrop nicht nur seine 11 Freunde, sondern gleich die gesamte deutschsprachige Bevölkerung. Kann er sich noch zusätzlich auf Englisch ausdrücken, gleich die gesamte Welt. Praktisch für ihn, weniger gut für das eigene Unternehmen. Denn abgesehen von dem einen verlorenen Gast, der sicher nicht mehr an Deine Tür klopfen wird, verliert Dein Geschäft zusätzlich seine Freunde wie auch die Leser der Internetbewertungen als Gäste. Aber nicht nur Dein Unternehmen sondern auch Du persönlich bist von den negativen Folgen unzufriedener Gäste betroffen. Die Trinkgeldkonsequenzen sind genauso unangenehm wie der Service an einem unzufriedenen Gast. Denn: Gehst Du gerne an einen Tisch, von dem Du weißt, dass etwas nicht in Ordnung ist? Um es kurz zu machen: Beschwerden wirst Du nie völlig vermeiden können. Aber Beschwerden können Dir auch helfen, Dinge besser zu machen. Für den Gast ist es entscheidend, wie Du mit seiner Beschwerde umgehst. Dazu gibt es, Du ahnst es sicher bereits, ein paar durchdachte Methoden.

5.2.1 V³ - VERSTÄNDNIS, VERTRAUEN, EINFÜHLUNGS-V-ERMÖGEN

Verständnis – Ein Zauberwort, das nicht nur in Beziehungen gute Dienste leistet, sondern auch an Deinem Arbeitsplatz. Denn wenn Du die Bedürfnisse und Wünsche Deiner Gäste verstehen lernst, kannst Du schon im Vorfeld potentielle Beschwerdequellen aus dem Weg räumen. Dabei empfiehlt es sich, sich von Zeit zu Zeit folgende Fragen zu vergegenwärtigen:

- Wer sind unsere Gäste?
- Was möchten unsere Gäste?
- Wie können wir die Erwartungen unserer Gäste erfüllen und sogar übertreffen?

Ein Gast in einem Sternerestaurant hat beispielsweise andere Vorstellungen von Höflichkeit und Service als der Besucher einer rustikalen Eckkneipe. Genauso soll Erlebnisgastronomie unterhalten und ein romantisches Restaurant mit zurückhaltendem Service aufwarten. Deine Aufgabe ist es nun, die individuellen Erwartungen der Gäste mit der Unternehmensphilosophie zu verbinden und, falls es möglich ist, sie zu übertreffen. Sei dabei so individuell wie möglich. Denn auch wenn das gemeinsame Ziel ist, eine schöne Zeit bei Dir zu verbringen, unterscheiden sich die einzelnen Vorstellungen von dieser schönen Zeit stark. Deshalb ist ratsam, sich die oben genannten Fragen zunächst generell zu stellen, um anschließend auch die verschiedensten Gäste erreichen zu können.

 MANAGEMENT:

Es ist von Beginn an klarzustellen, wie das Zielpublikum aussieht und welche Vorstellungen für gelungenen Service zu erfüllen sind. So gewährleistet man einerseits, dass das Personal die gewünschte Zielgruppe anspricht und gewährt andererseits einen gleichbleibend hohen Servicestandard.

5.2.2 AUCH WENN'S SCHMERZT: GÄSTE ZUR KRITIK ERMUTIGEN

Berücksichtigt man den Beschwerden-Domino-Effekt ist die weiseste Strategie, die Gäste von vornherein zu ermutigen, Beschwerden zu äußern. So hast Du die Möglichkeit, darauf zu reagieren, in Zukunft ähnliche Situationen zu vermeiden und den Umsatz zu mehren. Um das zu erreichen, ist es ratsam zu verstehen, warum Gäste sich nicht mitteilen möchten oder können. Frag Dich doch selbst einmal, warum Du Dich in einer bestimmten Situation nicht an das Personal gewandt hast, als etwas mit dem Service oder der Produktqualität nicht stimmte. Biete Deinen Gästen die Gelegenheit Kritik zu üben, indem Du sie nach ihrer

Meinung bezüglich der Speisen oder Getränke befragst, bevor das Essen kalt oder die Getränke halb geleert sind. Ein gezieltes „Schmeckt Ihnen der Mai Tai?" oder „Ist das Filet nach ihren Vorstellungen?" in allen Variationen bietet dem Gast die Gelegenheit, seine Kritik sofort zu äußern. Wichtig ist das gezielte Fragen, um eine Reaktion bei zurückhaltenden Gästen zu erreichen.

 **TYPISCHE FEHLER:**

„War es denn einigermaßen recht?" Wer sich so nach der Qualität der Speisen erkundigt, ermutigt zwar den Gast Kritik zu äußern, aber auf die falsche Weise. Sei selbstbewusst, wenn Du die Gäste ermutigen willst, Kritik zu üben. Denn wenn Du Dich selbst schlecht machst, wirkt das mitleiderregend. Und gibt den Gästen wiederum ein schlechtes Gefühl bei der Beschwerde. Ein positives „Fühlen sie sich wohl bei uns?" wirkt da schon ganz anders.

5.2.3 DER BESCHWERDEHANDLING-MASTERPLAN

Selbstverständlich wird es immer mal wieder passieren, dass Du nicht Deine volle Leistung abrufen kannst. Und so trivial und ausgelutscht es auch sein mag: Irren ist menschlich. Wichtig ist nur, aus den (eigenen) Fehlern zu lernen und sie umgehend zu korrigieren. Und dabei spielt die Kritik der Gäste eine zentrale Rolle. Besonders wenn man bedenkt, dass von ungefähr 20 Gästen sich im Schnitt nur einer traut, seine Beschwerden öffentlich zu machen. Die übrigen 19 tragen ihre Ärgernisse schweigend aus der Tür nach Hause und erzählen auch noch ihren Freunden von dem unschönen Erlebnis – schon haben wir unter Umständen mehrere hundert potentielle Gäste verloren. Also sollte man, auch wenn es zunächst Paradox erscheint, eine gerechtfertigte Beschwerde zu schätzen wissen und nicht als persönlichen Angriff werten. Denn die rare Gastkritik lässt uns Fehler erkennen, auf die wir umgehend reagieren können.

 **MANAGEMENT:**

Es empfiehlt sich, sich von den Angestellten nach jedem Abend die Kritiksituationen schildern zu lassen und anschließend die Auslöser (Küche, Service, Qualität, Lüftung, Technik etc.) zu notieren. So behält man den Überblick und kann gleichzeitig beobachten, ob das Personal auf die geäußerten Gastwünsche reagiert.

5.2.3.1 Basis schaffen!

Wenn es Probleme gibt, solltest Du zunächst eine Basis schaffen, auf der Du mit dem verärgerten Gast umgehen kannst:

* **Gästen zuhören!** Und ihnen das auch zeigen, indem Du **Blickkontakt hältst**, Dich **nicht mit Nebentätigkeiten beschäftigst** und Dir für die Beschwerde **Zeit nimmst**. Falls Du gerade noch ein volles Tablett vor Dir hast, das dringend an einen Tisch gebracht werden muss, signalisiere dem Gast, dass Du umgehend bei ihm sein wirst.

- **Den Gast ausreden lassen.** Auch wenn sich andeutet, dass es ein wenig länger dauern könnte, **lässt man seinem Gegenüber Zeit** sich den gesamten Frust von der Seele zu reden. Du wirst feststellen, dass der Gast danach wesentlich umgänglicher ist, als wenn ihm die Redezeit rigoros gekürzt worden wäre.

- **Entschuldige Dich, wenn es angebracht ist.** Damit meine ich kein kriecherisches Heucheln, sondern eine **aufrichtige Entschuldigung**, die Du ernst meinst und die den Regeln der Höflichkeit entspricht. Falls Du bei einigen Gästen Schwierigkeiten damit haben solltest, versetze Dich in die Lage des Gastes. Wie würdest Du Dich fühlen, wenn Du hungrig auf Deine Bestellung wartest und am Nachbartisch, der lange nach Dir bestellt hat, das Gericht bereits serviert wird? Falls auch das bei speziellen Härtefällen nicht genügen sollte, empfiehlt es sich unbedingt, den Regeln der Höflichkeit zu folgen.

- **V**erständnis zeigen. Nachdem Du dem Gast zugehört und Dich auch noch für die Unannehmlichkeiten entschuldigt hast, **möchte der Gast verstanden werden**. Er möchte, dass Du weißt, was in seinen Augen falsch gelaufen ist und das zeigst Du ihm am besten **indem Du seine Gefühle und Sorgen in Deinen eigenen Worten noch einmal paraphrasierst**. Das Wichtigste an diesem Schritt ist, dass Du authentisch bleibst. Sätze wie „Das ist wirklich ärgerlich", „Ja, da kann ich ihre(n) Ärger/Enttäuschung wirklich verstehen", „Sie haben wirklich sehr lange warten müssen" , etc. dürfen auf keinen Fall wie auswendig gelernt heruntergeleiert, sondern müssen mitfühlend kommuniziert werden.

5.2.3.2 Den Gast zurückgewinnen

- **Vermeide Rechtfertigungen und respektiere die Wünsche der Gäste.** Ein „Ja, aber…" ist schon unter normalen Umständen zu vermeiden, in Beschwerdesituationen entfaltet diese Wortkonstellation dann seine ganze Wirkung. Cholerische langatmige Erklärungen oder Diskussionen sind für Dich nicht nur enorm zeit- und kraftraubend, sondern auch absolut kontraproduktiv. Denn auch wenn Du das Streitgespräch für Dich entschieden haben solltest, hast Du einen Gast verloren. Und zusätzlich die ungewollte Aufmerksamkeit aller Anwesenden. Die souveräne Lösung, die Dich nicht in eine Verteidigungsposition drängt, ist, den Gast in seiner Beschwerde zu unterstützen.

- **Lösungsvorschläge anbieten.** Informiere den Gast, was Du zu tun gedenkst, um das Ärgernis aus der Welt zu schaffen. **Bleib dabei klar, sachlich, höflich und verbindlich.** Verspreche nichts, was Du nicht halten kannst! Falls etwaige Lösungsansätze außerhalb Deines Kompetenzbereichs liegen, leitest Du die Beschwerde an Deinen Vorgesetzten weiter. „Ich kläre das selbstverständlich sofort" oder „Ich werde mich umgehend persönlich um die Angelegenheit kümmern" kommunizieren dem Gast, dass die Lösung Priorität hat und so bald wie möglich aus der Welt geschafft wird. Vermeide Begrifflichkeiten wie „Problem", „Fehler", „Versehen" u. ä., da sie den Fokus des Gastes auf das Problem legen anstatt auf die Lösung zu lenken.

- **Halte Deine Versprechen.** Wenn Du versprochen hast, Dich umgehend um die Lösung zu kümmern, musst Du auch genau dies tun. Nur wenig ist nerviger als sich wegen vergessener Bestellungen zu beschweren und die Beschwerde nicht umgesetzt zu sehen – weil sie vergessen wurde. Kümmere Dich wirklich persönlich um die Lösung. Falls z. B. eine Bestellung im Betrieb untergegangen sein sollte, bringst Du sie persönlich zu dem Gast. Das hat zum einen den Vorteil, dass Du weißt, dass wirklich alles wieder zur allgemeinen Zufriedenheit gelöst wurde und zeigt dem Gast zum anderen, dass man ihn in seinen Wünschen ernst genommen hat.

5.2.4 FALLS DIE SITUATION DOCH MAL AUSSER KONTROLLE GERATEN SOLLTE …

Manchmal läuft die Konfliktlösung aber einfach schief und Du hast einen Menschen vor Dir, der aus Wut und Zorn nicht nur Dir, sondern auch den anderen Gästen und Mitarbeitern den Tag versauen möchte. Dabei gehe ich jetzt mal nicht von Situationen aus, in denen Dir Gäste ernsthaft Gewalt androhen, denn in diesen Fällen können nur psychologisch geschulte Sicherheitsleute das Problem wirklich angemessen lösen. In den ganz alltäglichen Konflikten mit unzufriedenen Gästen dagegen, empfiehlt sich ein bedachtes Vorgehen:

Vermeide aggressionsfördernde Reize: Bleib in jedem Fall ruhig und freundlich, biete dem Gast keine Angriffsfläche durch ironische Untertöne oder unsachliche Bemerkungen.

Kontrolliere Dein Auftreten: Behalte insbesondere in Konfliktsituationen Deine Körperhaltung und Deine Tonlage unter Kontrolle. In emotionalen Situationen wirken wir oft aggressiv, ohne es selbst zu merken. Du möchtest Deinen Gast beruhigen und nicht weiter aufregen.

Akzeptiere die Emotionalität: Dein Gast ist wütend, mit gutem Zureden kommst Du nicht mehr weiter. Logische Argumente sind hier fehl am Platz. Akzeptiere das und nimm die Emotionalität Deines Gastes ernst.

Schaffe Abstand: Wenn Dein Gast sich z. B. über ein verbranntes Stück Filet beschwert hat, wird er mit Sicherheit nicht zufriedener, wenn er das Stück weiter vor sich sieht. Entferne den Beschwerdegegenstand deshalb wenn möglich, aber niemals gegen den Willen des Gastes, aus seinem Blickfeld. Biete dabei umgehend Ersatz an.

Such Dir Unterstützung: Sollte Dich die Situation emotional überfordern, hole am besten Deinen Vorgesetzten dazu. Das verschafft Dir Zeit, durchzuatmen und gibt dem Gast das Gefühl, ernstgenommen zu werden, da sich nun der „Chef persönlich" der Sache annimmt.

 ## ZUSAMMENFASSUNG:

- **Gäste verstehen!** Stell Dir die Fragen: Wer sind unsere Gäste? Was möchten unsere Gäste? Wie können wir die Erwartungen unserer Gäste erfüllen und dauerhaft sogar übertreffen?
- **Gäste zur Kritik ermutigen!**
- Reagiere richtig auf Beschwerden, indem Du
  …**eine Basis schaffst**. Zuhören, den Gast ausreden lassen, Verständnis zeigen und sich entschuldigen, sofern es angebracht ist.
  …**den Gast zurückgewinnst**. Rechtfertigungen vermeiden, den Gast respektieren, Lösungsvorschläge anbieten und Versprechen halten.

ÜBUNGEN

Zu 5.2.1 V³ - Verständnis, Vertrauen, EinfühlungsVermögen

- Serviceübung: Such Dir die Gäste an einem beliebigen Tisch aus und stell Dir die Fragen: Wer sind diese Gäste? Was möchten diese Gäste? Inwieweit gelingt es Dir, die Erwartungen dieser Gäste zu übertreffen?

Zu 5.2.2 Auch wenn's schmerzt: Gäste zur Kritik ermutigen

- Serviceübung: Positiv denken! Ein Gast hat ein Problem mit Deiner Arbeitsweise. Worin liegen Deine Vorteile, wenn er es übers Herz bringt und seine Kritik äußert?
- Serviceübung: Welcher dieser beiden Sätze eignet sich besonders dazu, die Gäste zur Kritik zu ermutigen und warum?

„War es denn einigermaßen recht?" vs. „Ist das Filet nach Ihren Vorstellungen?"

Zu 5.2.3 Der Beschwerdehandling-Masterplan

- Serviceübung: Bringe die folgenden Beschwerdehandlingpunkte in die richtige Reihenfolge: Ausreden lassen, sich entschuldigen, zuhören, Verständnis zeigen
- Serviceübung: Der Gast hat sich bei Dir beschwert, wie kannst Du ihn nun zurückgewinnen? Streiche die falschen Antworten dazu durch:

Rechtfertige Dich	vs.	Vermeide Rechtfertigungen
Gib dem Gast recht	vs.	Diskutiere mit dem Gast
Biete Lösungsvorschläge an	vs.	Nenne besser keine konkreten Lösungen

5.3 DAS MEHR GEWINNT – UP-SELLING

Wer bei der Erwähnung des Begriffs Up-Selling schon Bauchschmerzen bekommt: Keine Sorge, ich zeige Dir hier, wie das Schamgefühl unverletzt bleibt, Du weiter ohne Selbstverachtung in den Spiegel schauen kannst und sich trotzdem die Verkaufszahlen erhöhen. Ganz ohne dubiose Methoden, sondern mit effizienter Kommunikation.

5.3.1 CROSS- VS. UP-SELLING

„Haben Sie heute besonders großen Hunger mitgebracht? Dann empfehle ich Ihnen zu dem Zwiebelkuchen unseren Bauernsalat als Vorspeise" Das reichte völlig an Up-Selling, um unseren Stammgastonkel Maier zu überzeugen. Bei anderen Gästen muss man da schon subtiler vorgehen.

Was bedeutet nun aber Cross- bzw. Up-Selling? Unter Up-Selling ist der Verkauf eines höherwertigen/höherpreisigen Produktes zu verstehen. Statt des einfachen Hausweins verkauft man dem Gast zum Beispiel einen höherwertigen Wein. Cross-Selling dagegen ist eine Unterform des Up-Sellings. Statt willkürlich mehr zu verkaufen, bietet man dem Gast gezielt ein Produkt an, dass zu seinen anderen Wünschen passt. Bestellt der Gast einen Kaffee, bietet man ihm also ein Glas Wasser oder etwas Süßes dazu an. Was bei Herrn Maier hervorragend geklappt hat, funktioniert leider nicht bei jedem Gast. Deshalb empfehle ich, Schritt für Schritt eigene Up-Selling Techniken zu entwickeln. Wie das geht, sehen wir in den folgenden Absätzen.

MANAGEMENT:

Mit Cross- und Up-Selling-Techniken lässt sich der Umsatz um bis zu 30% steigern. Es ist also ganz im eigenen Interesse, sich mit verschüchterten Angestellten auseinanderzusetzen und ihnen die Scheu vor den Verkaufstechniken zu nehmen. Dabei sollte allerdings Rücksicht auf die jeweilige Persönlichkeit der Mitarbeiter genommen werden. Wer sich beim Verkauf unwohl fühlt, wird beim Gast keinen Erfolg haben.

5.3.2 ERSEHNT, ERKANNT, ERFÜLLT – BEDÜRFNISSE

Jeder Gast möchte etwas anderes von Dir. Deshalb ist es auch unmöglich, Dir einen Zaubersatz zu verraten, mit dem der Umsatz, das Trinkgeld und gleichzeitig die Gästezufriedenheit in die Höhe schnellen. Oder hast Du schon mal gesehen, wie ein ausgezehrtes Modell im Schnellrestaurant „noch eine große Pommes dazu" haben wollte? Deine Aufgabe ist es also, die Gäste zu beobachten, zuzuhören und zu erkennen, was sie wollen und das dazu passende Produkt anzubieten. Vergiss dennoch nicht zu erklären, was für einen Mehrwert das Gericht, der Drink oder Service für den Gast hat. Zum Beispiel: „Möchten Sie zu der würzigen Vorspeise etwas trinken?". So verdeutlichst Du dem Gast, dass eine Zusatzbestellung in seinem Interesse ist und Du ihm nicht einfach etwas aufschwatzt, sondern Dich um einen angenehmen Aufenthalt bemühst.

ZUSATZTIPPS:

Eine kleine Gesellschaft sitzt an Deinem Tisch. Du hörst, während Du sie bedienst heraus, dass ein Geburtstag gefeiert wird. Die Bedarfslücke der Gäste ist in diesem Fall etwas zum Anstoßen. „Sie feiern hier einen Geburtstag? Wem darf ich denn gratulieren? Wie wäre es mit einem Glas Champagner, um auf das freudige Ereignis anzustoßen?" Begleite den letzten Satz mit einem bekräftigenden Pencom-Nicken.

5.3.3 MALEN NACH ZAHLEN – BUNTE BILDER ENTSTEHEN LASSEN

„Ein zartes Zanderfilet, gebettet auf roten Linsen, bei denen ein wenig Zitronensaft und italienisches Olivenöl für würzige Frische sorgen. Perfekt für warme Sommerabende, wenn sie etwas Leichtes genießen möchten." Das Ziel dieser wortgewaltigen Beschreibung einer verhältnismäßig einfachen Speise sind bunte Bilder. Je genauer und bunter sich Deine Gäste den Drink, die Speise oder den Wein vorstellen können, desto besser. Sei deshalb in Deinen Beschreibungen ruhig detailverliebt. Um das leisten zu können, ist es unabdingbar, die Karte nicht nur auswendig zu lernen, sondern die Gerichte und Getränke geschmacklich auch wirklich zu kennen. Denn nur wenn Du weißt, wie etwas schmeckt, kannst Du dieses Erlebnis dem Gast genau und authentisch beschreiben.

 **ZUSATZTIPPS:**

Taste Dich mit einer allgemeinen Frage an Deine Gäste heran, um ihre Bedürfnisse kennenzulernen: Zwei Damen an einem Deiner Tische scheinen unentschlossen, mit was Sie den lauen Sommerabend beginnen möchten. Mustergültig bietest Du den beiden natürlich eine Beratung an: „Auf was haben sie denn spontan Lust? Vielleicht etwas erfrischend Fruchtiges?" Falls die Damen darauf reagieren, kannst Du ganz leicht einen Sommerdrink unterbringen: „Dann empfehle ich Ihnen unseren Summerrain. Eisgekühlt serviert, erfrischend leicht und mit einer angenehm himbeerigen Note." Merkst Du nach der ersten Frage, dass die Damen wohl eher keine Lust auf etwas Fruchtiges haben, machst Du einen Gegenvorschlag: „Wie wäre es mit einem leicht herben Aperitif zum Einstieg?".

5.3.4 NIMM RÜCKSICHT

Auch wenn Du herausgefunden haben solltest, was Dein Gast noch zu seinem Glück brauchen könnte, muss es nicht sein, dass er es auch bestellt. Aus verschiedenen Gründen, wie Geld- oder Zeitmangel kann es sein, dass ein Tisch auf Extras verzichtet. Sei deshalb sensibel, was die Gefühle der Gäste angeht und bedränge sie auf gar keinen Fall.

TYPISCHE FEHLER:

Du begrüßt ein Pärchen an einem warmen Sommerabend und bietest einen erfrischenden Aperitif an. Sie lehnen ab, mit der Bemerkung, dass sie noch nichts trinken möchten. Es wäre geradezu aufdringlich mit einem „Ach, das bisschen Alkohol" oder Ähnlichem auf die Ablehnung zu reagieren. Ein verständnisvolles Nicken und der Verweis auf die Seite mit den alkoholfreien Erfrischungsgetränken wird deine Gäste mehr freuen als aggressive Besserwisserei.

5.3.5 EHRLICH WÄHRT AM LÄNGSTEN

Versuche niemals, einem Gast etwas zu verkaufen, von dem Du entweder selbst nicht überzeugt bist oder von dem Du weißt, dass es Dein Gast nicht braucht. Erfolgreiches Aufschwatzen schadet nämlich gleich in mehrfacher Hinsicht. Denn Dein Gast wird merken, dass er das, was er da bekommen hat, eigentlich nicht wollte. Die normale Reaktion? Ärger. Ärger über Dich, dass Du ihn falsch beraten hast und Ärger über den Betrieb, das mit solchen Methoden arbeitet.

5.3.6 NUTZE DEIN EIGENES VOKABULAR

Einem Gastgeber zuzuhören, der wie ein Roboter einen auswendig gelernten Satz nach dem anderen bringt, ist genauso spannend wie die hundertste Wiederholung eines Fußballspiels. Unbestreitbar gibt es gewisse Richtlinien, an denen man sich orientieren kann, dennoch kommst Du nicht daran vorbei, diesen Grundsätzen Deine eigene Note zu geben. Du wirkst in den Augen des Gastes nicht nur vertrauenswürdiger, sondern fühlst Dich selbst auch gleich wohler, wenn Du Deine eigene Sprache sprechen darfst.

5.3.7 AUF ABSTAND – NICHT ZU AUFDRINGLICH WERDEN!

Gib dem Gast genügend Zeit und Raum, eine Bestellung zu überdenken. Die Möglichkeit, einen Digestif zu bestellen wird sicherlich auch noch fünf Minuten später gegeben sein, also lass dem Gast ruhig Zeit zu überlegen. Dräng Dich nicht auf. Einige Menschen sind geneigter, Empfehlungen anzunehmen, wenn man ihnen genügend Zeit für sich lässt.

 **ZUSATZTIPPS:**

Wenn Du siehst, dass Deine Gäste noch nicht soweit sind – wir bleiben mal beim Beispiel Digestif – , dann empfiehlt sich ein: „Ich komme gleich wieder. Dann können Sie ganz in Ruhe beratschlagen, ob Sie noch unsere hausgemachten Liköre probieren möchten." Geh dann aber auch unbedingt nach ausreichend Bedenkzeit wieder an den Tisch zurück und frag gezielt nach.

5.3.8 VERMEIDE UP-SELLING BEI UNZUFRIEDENEN GÄSTEN

Du meinst, die Aussage in dieser Überschrift sei selbstverständlich? Ich versichere Dir, manche Verkäufer scheinen unempfindlich gegen offen zur Schau getragene Unzufriedenheit zu sein. Achte deshalb immer genau auf die Körpersprache Deiner Gäste. Und falls ein unzufriedener Gast dabei sein sollte, tust Du besser daran, ihn zu versöhnen, als etwas zu verkaufen. Auch hier gilt wieder: Ermutige Deine Gäste zur Kritik. Erst wenn die Servicestandards erfüllt sind, kannst Du über Up-Selling nachdenken.

ÜBUNGEN

Zu 5.3.1 Cross- vs. Up-Selling
* Im Selbsttest: Wann wurden das letzte Mal Techniken zu Up- oder Cross-Selling ausprobiert, als Du selber Gast warst und warum bist Du darauf (nicht) eingestiegen?

Zu 5.3.2 Ersehnt, erkannt, erfüllt – Bedürfnisse
* Serviceübung: Eine Familie (Mann und Frau mit zwei Kindern, etwa 9-12 Jahre alt) setzt sich an Deinen Tisch. Zwei Tische weiter sitzen drei Geschäftsmänner (um die 30 Jahre alt). Überlege, welche Bedürfnisse die Familie im Gegensatz zu den Geschäftsmännern hat.

Zu 5.3.3 Malen nach Zahlen – Bunte Bilder entstehen lassen
* Serviceübung: Such Dir ein Gericht oder Getränk Eurer Karte aus. Wie sorgst Du dafür, dass in den Köpfen Deiner Gäste anregende Bilder zu diesem Produkt entstehen?

Zu 5.3.4 Nimm Rücksicht
* Im Selbsttest: Du gehst als Gast in eine Bar und bestellst bereits nach einem Drink die Rechnung. Wie reagiert das Personal darauf?

Zu 5.3.5 Ehrlich währt am längsten
* Serviceübung: Du sollst einen Drink verkaufen, von dem Du weder überzeugt bist, noch denkst, dass Dein Gast Interesse daran hat. Ist es nun von Vorteil den Gast mit einer Lüge zum Kauf zu bewegen oder nicht? Und warum?

Zu 5.3.6 Nutze Dein eigenes Vokabular
* Im Selbsttest: Mit den eigenen Worten zu sprechen ist wichtig. Such Dir einen Freund aus und versuche, ihm in Deiner Alltagssprache ein Gericht Eurer Karte schmackhaft zu machen. Wie stark musst Du von Deinen Formulierungen abweichen, wenn Du Deinen Gästen etwas verkaufst und welche Teile kannst Du übernehmen?

Zu 5.3.7 Auf Abstand – nicht zu aufdringlich werden!
und 5.3.8 Vermeide Up-Selling bei unzufriedenen Gästen
* Im Selbsttest: Achte bei Deinem nächsten Restaurantbesuch darauf, welche Faktoren Dich positiv und negativ stimmen und wie viel Zeit das Personal Dir für Deine Entscheidungen lässt. In welchen Momenten könnte man Dir mit einfachen Mitteln ein zusätzliches Produkt verkaufen, in welchen nicht?

KAPITEL 6

JETZT MAL UNTER UNS – TIPPS FÜR EIN BESSERES BETRIEBSKLIMA

6.1 AUSSEN HUI UND INNEN PFUI? VOR UND HINTER DEN GASTRONOMISCHEN KULISSEN

Dieses Buch ist ein Service-Buch – und ich hoffe mal, das hast Du nicht jetzt erst gemerkt, denn wir beginnen hiermit schon das letzte Kapitel. Was ich damit sagen will, ist: Dieses Buch soll Dir in erster Linie dabei helfen, Deinen Gästen einen besseren Service zu bieten und damit gleichzeitig die Gästezufriedenheit und den Erfolg Deines Betriebs steigern. Andere Bücher gehen einen anderen Weg, um die spezifischen Probleme in der Gastronomie zu behandeln und beschäftigen sich vor allem mit Personalführung und Management. Das kann und will dieses Buch hier nicht tun.

Das heißt aber nicht, dass wir den Gästebereich nicht mal verlassen können, um uns hinter den gastronomischen Kulissen umzusehen. Denn wir haben in den letzten Kapiteln gesehen, dass sich besserer Service nicht nur auf die Zufriedenheit Deiner Gäste auswirkt, sondern immer wieder auch auf die Zufriedenheit des Service-Personals selbst. Wer seine Arbeit besser macht, fühlt sich auch besser. In diesem letzten Kapitel möchte ich deshalb nicht tief ins Managementwesen einsteigen, sondern stattdessen zeigen, welche Bedeutung die Kommunikationstipps und Lösungsstrategien aus diesem Buch auch intern haben können. Eine offene Kommunikation und ein gelungenes Beschwerdemanagement sind zwischen Dir und Deinen Mitarbeitern oder Kollegen genauso wichtig wie zwischen Service und Gast.

Wer seinen Kollegen und Angestellten nämlich nicht ebenso viel Respekt entgegenbringt wie seinen Gästen, wird in einer konfliktreichen und direkten Branche wie der Gastronomie früher oder später Probleme bekommen. Ich zeige Dir deshalb auf den nächsten Seiten, wie Du die Philosophie dieses Buchs auch auf Arbeitsbereiche außerhalb des Service überträgst. Danach kannst Du Dich ja gerne mit anderen Büchern weiter in die Welt des Managements vertiefen. Aber die Grundlagen werden hier gesetzt.

6.2 VORBILD SEIN

Du selbst beeinflusst die Handlungen Deiner Angestellten oder Kollegen wahrscheinlich wesentlich mehr, als Dir bewusst ist. Bei allen Tipps, die ich Dir im Folgenden geben kann, gilt daher: Geh mit gutem Beispiel voran! Wer eine offene Kommunikation fordert, aber selbst nur um den heißen Brei herumredet, wird unglaubwürdig. Auch Deine Motivationsratschläge werden nicht sonderlich gut ankommen, wenn Du selbst antriebslos und schlecht gelaunt zur Arbeit erscheinst. Versuch also Dein eigenes Verhalten langfristig zu verändern, bevor Du andere korrigierst. Du wirst merken, dass Verbesserungsvorschläge so dankbar angenommen und nicht als bloße Kritik verstanden werden. Und: Gib eigene Fehler zu und ziehe Konsequenzen daraus. Nur so wirst Du langfristig respektiert.

6.3 RESPEKT (JUST A LITTLE BIT)

Was für Deine Gäste gilt, gilt für Deine Kollegen schon lange. Denn während Du mit Deinen Gästen nur hin und wieder etwas Zeit verbringst, wirst Du mit Deinen Kollegen jeden Tag für viele Stunden konfrontiert. Und Konfrontation ist tatsächlich oft die richtige Bezeichnung für das, was in der Gastronomie passiert, wenn gerade mal kein Gast hinsieht. Die Arbeit ist hart, lang und oft stressig. Dass dabei etwas weniger zimperlich miteinander umgegangen und mehr geflucht wird als im Verwaltungsbüro nebenan, ist verständlich und absolut normal. Die Frage ist, ob diese kleinen Konflikte beim gemeinsamen Feierabendbier dann wieder vergessen sind oder sich mit persönlichen Beleidigungen und Intrigen zu echten Feindschaften ausbauen.

Respekt, Achtung und Verständnis sind also die Schlüsselwörter im täglichen Umgang miteinander. Du musst nicht jeden Deiner Kollegen innig lieben, aber versuch doch ein wenig der professionellen Höflichkeit, die Du Deinen Gästen entgegenbringst auch in der internen Kommunikation beizubehalten. Natürlich darfst du Verhaltensweisen kritisieren, aber Du solltest darauf achten, dass es tatsächlich diese Verhaltensweisen bleiben, die Du kritisierst und nicht Deine Kollegen als Personen.

6.4 GEZIELT KOMMUNIZIEREN

Nicht nur, wenn Du eine Bestellung aufnimmst, kann es zu Missverständnissen kommen, sondern auch, wenn Du die Bestellung an Deine Kollegin weitergibst, den Koch um etwas bittest oder Du etwas aus dem Lager holen sollst. Mit „Missverständnis" meine ich aber hier nicht nur, dass Du etwas falsch verstanden hast.

Oft besteht nämlich ein komplettes Missverhältnis zwischen Deiner Beurteilung (wahrnehmen, vermuten, bewerten usw.) einer Situation und der Beurteilung Deines Kollegen. Ein Beispiel: Du bist voll im Stress, aber lässt Dir nichts anmerken? Dann meint Dein Chef vielleicht, er kann Dir noch eine weitere Aufgabe zumuten. So wird Dein professionelles Auftreten mit negativen Konsequenzen bestraft und

Du wirst beim nächsten Mal wahrscheinlich möglichst gestresst aussehen, damit Dich Dein Chef in Ruhe lässt. Das ist für alle Seiten ein Nachteil.

In der Gastronomie ist man besonders häufig mit diesen unterschiedlichen Perspektiven auf eine Situation konfrontiert, weil hier viele Menschen mit sehr unterschiedlichen Aufgaben (Kellner, Köche, Bartender, Runner, Portier, Concierge usw.) auf kleinem Raum zusammenarbeiten, aber für den gegenseitigen Austausch kaum Zeit bleibt. Während in der Küche Stress herrscht, sieht es an der Bar vielleicht gerade ganz entspannt aus. Grundsätzlich geht um die effiziente, schnelle Weitergabe von Informationen, oft von einem Aufgabenbereich in den nächsten (z. B. von Service zu Küche). Dabei kannst Du natürlich nicht immer Deine kompletten Befindlichkeiten und Probleme vermitteln. Wichtig ist aber, dass der Sender dem Empfänger verständlich macht, in welcher Weise und warum etwas geschehen muss.

Die einfache Frage „Kannst Du mir noch zwei Flaschen Champagner besorgen?" birgt damit mindestens zwei zentrale Fehlerquellen:

1. Dein Kollege weiß nicht, wie dringend Du die Flaschen benötigst. Das heißt, obwohl Du die Flaschen möglichst schnell brauchst, erledigt er vielleicht erst mal eine andere Aufgabe. Vielleicht brauchst Du den Champagner aber gar nicht so dringend und er verschiebt eine wichtigere Aufgabe nach hinten, nur damit Du die Flaschen schnell bekommst. Ein kleiner Zusatz bei Deiner Frage hätte also Euch beiden geholfen: „Kannst Du mir noch zwei Flaschen Champagner besorgen? Möglichst schnell bitte. / Reicht auch in zehn Minuten."

2. Dein Kollege sieht überhaupt nicht ein, weshalb er seine Arbeit unterbrechen soll, um Dir zu helfen. Selbst wenn Du gesagt hast, dass Du die Flaschen dringend benötigst, hält er seine eigene aktuelle Aufgabe vielleicht trotzdem für wichtiger und dringender. Eine kurze Zusatzinformation kann hier Wunder bewirken, z. B.: „Kannst Du mir noch zwei Flaschen Champagner besorgen? Es ist schon drei Minuten vor Mitternacht und die Dame an Tisch 6 würde gerne auf Ihren Geburtstag anstoßen.".

In beiden Fällen führen bereits kleine Formulierungszusätze dazu, dass sich minutenlange Abläufe effizienter gestalten lassen und sparen damit viel Zeit. Mal ganz abgesehen von den negativen Konsequenzen, die es hätte, wenn die Dame an Tisch 6 Ihren Champagner tatsächlich nicht bis Mitternacht bekommt.

ZUSATZTIPPS:

Die Frage nach dem „Warum" einer Handlung sollte nicht in einer Rechtfertigung münden. Es geht um sachliche Erklärungen.

MANAGEMENT:

Klare Kommunikation gilt vor allem für Absprachen und Regeln. Auch hier sollte den Mitarbeitern vermittelt werden, warum etwas wichtig und wie es umzusetzen ist. Frag Dein Personal, ob sie die Absprache verstanden haben und lass sie alles in ihren eigenen Worten zusammenfassen. Auch Merkzettel zum Mitnehmen oder in den Personalräumen zum Aushang können helfen, sich Dinge einzuprägen.

6.5 PROBLEME ERKENNEN UND LÖSEN

Auch beim Erkennen von Problemen lässt sich viel durch die richtige Kommunikation erreichen. Denn nicht nur Gäste, sondern die meisten Menschen, halten sich mit Kritik viel zu oft zurück. Vielleicht stöhnst Du ja innerlich genervt schon seit Tagen über die unpraktische Art, in der Dir Deine Kollegin das Tablett zum Abräumen hinstellt. Dann sprich mit ihr, denn vermutlich fällt ihr dieses Verhalten gar nicht auf. Aber sag ihr auch, warum Du ein Problem damit hast, z. B. indem Du erklärst, dass es Dich viel Zeit kostet, das Tablett jedes Mal umzustellen, um es abräumen zu können. Deine Kollegin hat sicher Verständnis dafür. Vielleicht erzählt sie Dir aber auch von der Operation, die sie letzten Monat erst an der linken Hand hatte und dass es ihr deshalb im Moment schwer fällt, das Tablett anders abzustellen. In beiden Fällen wächst das Verständnis für die Handlung des anderen durch eine einfache Begründung.

Immer aber gilt: Du kannst nicht erwarten, dass sich das Ergebnis verbessert, wenn die Bedingungen nicht grundsätzlich verändert werden. Die Küche braucht für Eure aufwendige Vorspeise immer zu lange? Dann wird es kaum etwas nützen, sich nur zu beschweren. Stattdessen müssen die Köche gefragt werden: Wodurch entsteht die lange Zubereitungszeit? Wie kann man die Produktion vereinfachen? Fehlt es an Platz oder Spezialequipment? Erst durch die offene Auseinandersetzung können Dinge verändert werden, nicht durch die bloße Forderung danach. Und sollte für die Vorspeise dabei keine Lösung gefunden werden, empfiehlt es sich vielleicht, sie durch ein weniger aufwendiges Angebot zu ersetzen.

MANAGEMENT:

Um frühzeitig zu erkennen, was Deine Mitarbeiter stört, hilft es, regelmäßig (z. B. 1x pro Monat) ein Team-Meeting zu veranstalten. Hier sollte jeder Platz haben, um zu sagen, was ihn in den letzten Tagen gestört hat. Genauso wichtig ist es aber auch, sich mitzuteilen, was gut geklappt hat und wie eventuelle Lösungsmaßnahmen funktioniert haben.

6.6 KLARE STANDARDS SETZEN

Die Gastronomie lebt nicht nur von den Menschen, die bedient werden, sondern vor allem von den Menschen, die bedienen. Und mit „Menschen" meine ich echte Persönlichkeiten mit Charakter, denn niemand möchte austauschbare Maschinen als Gastgeber haben. Natürlich sind Menschen aber auch etwas launischer und vielfältiger als Maschinen. Das ist gut so und Deine Gäste genießen es, mit echten Menschen zu kommunizieren.

Die Vielfältigkeit führt aber auch dazu, dass schon Kleinigkeiten auf sehr unterschiedliche Weisen umgesetzt werden. Das wird zum Problem, wenn die Gäste sich dadurch nicht mehr auf qualitative Standards verlassen können. Bringst Du Deinen Gästen zur Begrüßung ein Glas Wasser oder erst beim ersten Drink? Steckt jeder Bartender das Limettenviertel auf den Glasrand oder gibt er es ins Glas? Werden die Gäste bei Euch grundsätzlich geduzt oder gesiezt? Wenn jeder diese Kleinigkeiten anders umsetzt, werden Deine Gäste den Eindruck bekommen, dass die Dinge bei Euch beliebig laufen statt nach einer klaren Vorstellung von Qualität und Präsentation. Ich habe zum Beispiel Gäste erlebt, die einen Drink nur von ihrem Lieblingsbartender zubereitet haben wollten. Ganz unabhängig davon, ob sie den Unterschied tatsächlich geschmeckt haben, sollte bei den Gästen gar nicht erst das Gefühl aufkommen, dass ein Angestellter etwas anders oder besser macht als ein anderer. Die Gäste sollten sich immer entspannt auf die Qualität Deines Betriebs verlassen können.

Wenn Dir also auffällt, dass Dinge je nach Mitarbeiter ganz unterschiedlich gehandhabt werden, sprich den Zuständigen darauf an und bitte um eine verbindliche Regelung für alle. Denn das schafft für Deine Gäste eine verlässlichere Qualität und für Dich weniger Unsicherheit bei der Arbeit. Auch bei Beschwerden bist Du gegenüber Deinem Chef auf der sicheren Seite, wenn Du Dich an die Standards gehalten hast.

MANAGEMENT:

Ein großes Problem der Gastronomie ist die hohe Fluktuationsrate der Angestellten. Auch hierbei helfen Standards. Erstelle Unterlagen, die die vereinbarten Regelungen klar festhalten. So kannst Du jeden neuen Mitarbeiter ohne Schwierigkeiten auf den gleichen Stand bringen. Und auch wenn Du mal einen Mitarbeiter verlierst, ist er nicht unersetzlich, weil die Gäste sich auf die Qualität des Hauses unabhängig vom Personal verlassen können.

FEIERABEND – EIN SCHLUSS- WORT

Feierabend! Zeit die Füße hochzulegen und abzuschalten. Genau für diesen Moment habe ich dieses Buch geschrieben: für den gelungenen Feierabend. Denn am besten fühlt sich das Ende Deines Arbeitstages an, wenn Du weißt, dass Du das Beste erreicht hast. Egal wo Du arbeitest, guter Service kann viel Spaß machen, ist aber auch echte Knochenarbeit.

Ich hoffe, Du kannst ein paar Ideen aus diesem Buch im Alltag umsetzen, Strategien weiterentwickeln und Deinen Gästen eine gute Zeit bereiten. Dabei ist völlig klar, dass Du nach dem Lesen erstmal nur einen Bruchteil von dem behältst, was ich geschrieben habe. Jetzt hast Du aber einen Überblick über die Dinge, die Du mal hinterfragen und vielleicht anders angehen solltest. Such Dir ein Kapitel aus, dass Dich besonders interessiert hat und versuch einfach mal ein oder zwei Dinge anders zu machen. Überfordere Dich nicht, denn die Arbeit ist anstrengend genug. Versuch eher, kleine Änderungen, die Deiner Arbeitsweise entgegenkommen, Stück für Stück in Dein Denken und Deine Bewegungen zu integrieren, ohne Dich wie eine Marionette aufzuführen.

Ich freue mich auf besseren Service und leidenschaftliche Gastronomen. Vielleicht begegnen wir uns ja mal.

In diesem Sinne: Schönen Feierabend, Prost und wohl bekomms!